全国建设行业中等职业教育推荐教材
住房城乡建设部土建类学科专业"十三五"规划教材
住房和城乡建设部中等职业教育市政工程施工与给水排水
专业指导委员会规划推荐教材

给水处理与运行

（给排水工程施工与运行专业）

胡世琴　主　编

刘俊红　蔡丽琴　副主编

汤万龙　张小英　主　审

U0286414

中国建筑工业出版社

图书在版编目（CIP）数据

给水处理与运行/胡世琴主编. —北京：中国建筑工业出版社，
2015.12（2024.11重印）
全国建设行业中等职业教育推荐教材. 住房和城乡建设部中等
职业教育市政工程施工与给水排水专业指导委员会规划推荐教材
（给排水工程施工与运行专业）
ISBN 978-7-112-18818-5

Ⅰ.①给…　Ⅱ.①胡…　Ⅲ.①给水处理-中等专业学校-教材
Ⅳ.①TU991.2

中国版本图书馆 CIP 数据核字（2015）第 298388 号

本书内容分为给水处理与运行的准备、混凝工艺的运行与管理、沉淀工艺的运行与管理、过滤工艺的运行与管理、清水池的运行与管理、消毒工艺的运行与管理、高浊度水处理工艺的运行与管理、给水泵站的运行管理、给水处理常用仪表的使用与管理等 9 个项目。

本书在重点介绍常规给水处理工艺、处理方法和基本原理，以及各个处理构筑物构造特点的基础上，讲述了各个处理设施的运行管理方法、维护保养措施及安全操作规程。全书着重突出净水工岗位知识和技能的培养。

本书可作为中等职业学校给排水工程施工与运行专业和中高职融"3＋2"给排水工程技术专业的教材，也可供相关专业工程技术人员和管理人员学习参考使用。

为了更好地支持本课程教学，本书作者制作了精美的教学课件，有需求的读者可以发送邮件至：2917266507@qq.com 免费索取。

责任编辑：聂　伟　陈　桦　李　慧
责任校对：李欣慰　刘梦然

全国建设行业中等职业教育推荐教材
住房城乡建设部土建类学科专业"十三五"规划教材
住房和城乡建设部中等职业教育市政工程施工与给水排水专业指导委员会规划推荐教材

给水处理与运行
（给排水工程施工与运行专业）
　　　　胡世琴　主　编
刘俊红　蔡丽琴　副主编
汤万龙　张小英　主　审

*

中国建筑工业出版社出版、发行（北京西郊百万庄）
各地新华书店、建筑书店经销
北京科地亚盟排版公司制版
建工社（河北）印刷有限公司印刷

*

开本：787×1092毫米　1/16　印张：10　字数：234 千字
2016 年 3 月第一版　　2024 年 11 月第四次印刷
定价：**24.00** 元（赠课件）
ISBN 978-7-112-18818-5
　　（28113）

本系列教材编委会 ◆◆◆

序言 ◆◆

　　住房和城乡建设部中等职业教育专业指导委员会是在全国住房和城乡建设职业教育教学指导委员会、住房和城乡建设部人事司的领导下，指导住房城乡建设类中等职业教育（包括普通中专、成人中专、职业高中、技工学校等）的专业建设和人才培养的专家机构。其主要任务是：研究建设类中等职业教育的专业发展方向、专业设置和教育教学改革；组织制定并及时修订专业培养目标、专业教育标准、专业培养方案、技能培养方案，组织编制有关课程和教学环节的教学大纲；研究制订教材建设规划，组织教材编写和评选工作，开展教材的评价和评优工作；研究制订专业教育评估标准、专业教育评估程序与办法，协调、配合专业教育评估工作的开展等。

　　本套教材是由住房和城乡建设部中等职业教育市政工程施工与给水排水专业指导委员会（以下简称专指委）组织编写的。该套教材是根据教育部 2014 年 7 月公布的《中等职业学校市政工程施工专业教学标准（试行）》、《中等职业学校给排水工程施工与运行专业教学标准（试行）》编写的。专指委的委员专家参与了专业教学标准和课程标准的制定，并将教学改革的理念融入教材的编写，使本套教材能体现最新的教学标准和课程标准的精神。目前中等职业教育教材建设中存在教材形式相对单一、教材结构相对滞后、教材内容以知识传授为主、教材主要由理论课教师编写等问题。为了更好地适应现代中等职业教育的需要，本套教材在编写中体现了以下特点：第一，体现终身教育的理念；第二，适应市场的变化；第三，专业教材要实现理实一体化；第四，要以项目教学和就业为导向。此外，教材中采用了最新的规范、标准、规程，体现了先进性、通用性、实用性。

　　本套系列教材凝聚了全国中等职业教育"市政工程施工专业"和"给排水工程施工与运行专业"教师的智慧和心血。在此，向全体主编、参编、主审致以衷心的感谢。

　　教学改革是一个不断深化的过程，教材建设是一个不断推陈出新的过程，需要在教学实践中不断完善，希望本套教材能对进一步开展中等职业教育的教学改革发挥积极的推动作用。

　　　　　　　　　住房和城乡建设部中等职业教育市政工程施工与给水排水专业指导委员会

　　　　　　　　　2015 年 10 月

前言
Preface

　　《给水处理与运行》是给排水工程施工与运行专业的核心技能课程，给水处理与运行的基本知识和技能对学生职业能力的培养和职业素养的养成起主要支撑作用。本教材将学生所必须掌握的知识和技能整合为 9 个项目，在每个项目中，将相关职业活动分解成若干典型工作任务，以工作任务开展理实一体化的教学，完成水处理基本理论知识、基本操作技能的学习和训练，使学生既具有基本的基础理论知识，又掌握基本操作技能、维护保养要求和安全操作规程。

　　根据住房和城乡建设部中等职业教育市政工程施工与给水排水专业指导委员会组织编写的中等职业学校给排水工程施工与运行专业教学标准，紧贴本专业岗位的实际需求，并充分体现项目教学、任务驱动等行动导向的课程设计理念，结合职业技能考证要求组织教材内容。根据水处理工艺的特点，以培养学生的职业能力和工程素质为主题，以"水质"为主线，积极贯彻理论与实践一体的理念，通过完成给水处理工艺运行管理的任务，引入必需的理论知识与技能。本教材表述精炼、准确、科学，图文并茂，内容充分体现科学性、实用性、可操作性。

　　本教材由新疆建设职业技术学院胡世琴任主编，广西水利电力职业技术学院刘俊红和上海市城市建设工程学校（上海市园林学校）蔡丽琴任副主编。具体分工为：项目 1、项目 6 由广西水利电力职业技术学院刘俊红编写；项目 2、项目 4、项目 7 由新疆建设职业技术学院胡世琴编写；项目 5、8 由上海市城市建设工程学校（上海市园林学校）蔡丽琴编写；项目 3 由上海市公用事业学校肖梅编写；项目 9 由新疆建设职业技术学院吴梅编写。

　　本教材由新疆建设职业技术学院汤万龙教授和新疆乌鲁木齐市建设工程质量监督站张小英高级工程师担任主审，谨致谢意。

　　由于编者水平有限，敬请各位读者提出宝贵意见。

目录 ◆◆◆
Contents

项目 1
给水处理与运行的准备

【项目概述】

本项目主要介绍水源水的基本知识、给水处理工艺的类型及运行管理岗位的基本要求。

【学习目标】

通过本项目的学习，使学生能够复述水源的分类、定义及各种天然水体的水质特点；说出水源水质标准及常用给水处理方法；复述常规水处理工艺、特殊水源水质的处理工艺；能够明确净水工岗位的职业道德规范、工作职责及日常工作内容。

【学习支持】

水源水质及水质标准、给水处理基本方法、常规水处理工艺。

任务 1.1 认知水源的分类及特征

问题的提出

什么是水资源？什么是水源？

是否说水资源就是水源？

所有水资源均是自来水的水源吗？

从图 1-1 各种自然水体中可以看到，自然水体有地表水与地下水。地表水又包括海水、江水、河水、湖泊、水库及冰川水等；地下水包括泉水、溶洞裂隙水、深层地下水

（承压水）、浅层地下水（包括潜水）、山溪水等。这些自然水体都是水资源，但不一定是自来水的水源。如地表水中的海水属于水资源，但不能直接作为自来水的水源。

（a） （b） （c）

图1-1 各种自然水体

一、水源的定义及分类

（一）水源的定义

水源指的是水的来源，是水的源头。

地球上的水资源，从广义来说是指水圈内水量的总体。通常指一切可以有效利用的水的总和。

地球上水资源的分布很不均匀，各地的降水量和径流量差异很大。例如在我国，长江流域及其以南地区，水资源占全国的82％以上，耕地占36％，水多地少；长江以北地区，耕地占64％，水资源不足18％，地多水少；其中粮食增产潜力最大的黄淮海流域的耕地占全国的41.8％，而水资源不到5.7％。

（二）水源的分类

水源的分类如下：

（1）可直接饮用或经消毒等简单处理即可饮用的水源，如泉水、深层地下水（承压水）、浅层地下水（包括潜水）、山溪水、未被污染的洁净的水库水和湖水。

（2）经过常规净化处理后即可饮用的水源，如江河水、水库水及湖泊水等。

（3）因水源短缺，需经特殊处理方可饮用的水源。如含铁（锰）量超标，需进行除铁（锰）处理的地下水水源，淡水短缺时需进行淡水处理的海水等。但由于需进行特别的处理，工艺复杂，成本很高，所以一般不采用这些水源。

（4）缺水地区的村镇，可修建收集雨水的装置或构筑物（如水池、水窖等）作为分散式给水水源。

二、各种天然水体的水质特点

水质即为水的化学组成。天然水不是化学上的纯水，而是含有许多溶解物质和非溶解性物质所组成的极其复杂的综合体。天然水质的形成早在大气圈中就已经开始。没有受到污染的天然水，一般可以作为饮用水。但这种直接可作饮用水的天然水已不多见。由于环境污染，可大大改变天然水的水质，甚至变成完全不适于饮用的污水，严重污染的水即使进行净化消毒处理，仍然不能达到饮用水的要求。

下面就大气降水（酸雨）、河流水、湖泊水与水库水、地下水及海水水质的一般特点分别进行介绍。

（一）各种类型天然水成分比较，见表 1-1。

各种类型天然水成分比较　　　　　　　　　　　表 1-1

类型 特点	大气降水	河水	湖泊水库水	地下水	海水
溶解气体	各种气体丰富，氧、氮近饱和	较丰富	垂直分布，不均衡氧气有分层现象	氧可能低到无，CO_2 高，CH_4、H_2S 可能高	气体丰富，氧饱和，CO_2 随深度和纬度变化
主要离子	Ca^{2+}、Mg^{2+}、HCO_3^-、SO_4^{2-}、Cl	8 大离子、HCO_3^-、Ca^{2+} 高	HCO_3^-、Ca^{2+} 含量高，盐分有可能沉积	HCO_3^-、Ca^{2+} 含盐量高，Na^+、Cl^- 高	Sr^{2+} Br^- F^-、H_3BO_3 $[B(OH)_4^-]$
营养盐及其他物质	硝酸盐和氨，磷低	含量不高，但地区不均衡，人影响大	水体冬季高、春夏低；底层夏季高	营养盐不高，丰富 NH_3、NO^{3-}、P	近岸高远岸低，总有机物不高
其他特征	酸雨、正常雨水的 pH 为 6.5～7.5	有机物来自土壤、人类活动含氧量低	有的含盐量很高，成为盐湖	温泉、矿泉水	常量成分恒比

（二）大气降水的水质与特点

1. 水质特点

气体含量丰富，pH 中性或弱酸性和含盐量低。

2. 影响因素

地域，降雨的时间段、降雨方式和季节。

（三）酸雨

1. 酸雨的定义：当降雨的 pH＜5.6 时称为酸雨。正常降雨的 pH＝5.5～7.0，高可至 7.5。

2. 酸雨的危害

（1）酸雨含量达到 0.8mg/L，眼睛、呼吸道、皮肤不适；

（2）损害植物叶面蜡质层，逐渐枯萎至死；

（3）酸化土壤，钙、镁、磷、钾等流失，有毒金属活化；

（4）酸化湖泊，危害水生生物，释放底泥中重金属，影响供水水质；

（5）腐蚀金属、建筑物等。

3. 酸雨形成的主要原因

氮的氧化物和硫的氧化物大量 SO_2 排放。当酸雨中硫酸根与硝酸根的摩尔浓度之比约为 32：1 时，属硫酸型酸雨。

我国的《大气污染防治法》规定了在全国划分二氧化硫污染控制区和酸雨控制区（简称两控区），强化对二氧化硫污染的控制。

（四）河流水质特点

1. 溶解气体（溶解氧和氮气）近饱和。

2. 主要离子：HCO_3^-、CO_3^{2-}、SO_4^{2-}、Cl^-、Ca^{2+}、Mg^{2+}、Na^+、K^+。

Ca^{2+}最高，水型为碳酸盐类钙组水。

3. pH：6.5～8.5，冬季稍低，夏季稍高。

4. 有机物：河水有机物主要来自集水区土壤与人类活动排废；植被较好的集水区与城市下游河水有机物较多。

（五）湖泊水与水库水的水质

1. 湖泊类型依含盐量分为：淡水湖；咸水湖；盐湖。

2. 湖泊类型

（1）按离子组成划分。

（2）依营养盐划分：贫营养型、中营养型、富营养型、超营养型。

我国211个湖泊、水库中，中营养型最多，占52.1%；富营养型占33.2%；贫营养型仅占14.7%。

3. 湖泊、水库水质特点

含盐量变化大，营养元素和有机季节变化显著。

（六）地下水的水质

1. 地下水的定义：存在于地表之下，充填在土壤和岩石孔隙、裂缝和洞穴中的天然水属于地下水；常由降水渗入地下形成，有时也通过地表水下渗补给。

2. 分类

依埋藏条件分为：

（1）潜水：地表下，第一个隔水层之上；

（2）承压水：也叫层间水，位于隔水层之间，承受较大压力；

（3）承压水涌出地表即为泉水：温泉、矿泉水。

3. 地下水结构

见图1-2。

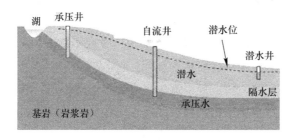

图1-2 地下水结构

4. 地下水的水质特点

（1）含盐量：地下水含盐量较高且差别较大，一般在0.5～50g/L范围。

（2）离子组成

含盐量低的地下水：离子组成多以HCO_3^-与Ca^{2+}为主。有石膏地层的地下水含有丰富SO_4^{2-}；接近油田的地下水中SO_4^{2-}含量较少；含盐量高的地下水以Cl^-、Na^+为主，并富含钾、溴、锂和碘等元素。

地下水含盐量低或中度阶段时：因地下水质中胶体部分吸附镁硅酸盐或形成白云石，

故 Mg^{2+} 含量低；当总含盐量较高时，大量增加的 Na^+ 与 Mg^{2+} 发生置换作用，使得水体中 Mg^{2+} 含量超过 Ca^{2+}。

（3）溶解气体：缺乏溶氧，溶氧来自空气，随深度增加而递减；二氧化碳含量较高，一般为 $15\sim40mg/L$；甲烷、硫化氢气体含量较高。

（4）营养元素与温度：营养盐含量低，有机质少。有机物分解矿化强时，磷酸盐、NO_3^-、NH_3 丰富，油田水氨含量高（$100mg/L$）。

地下水按温度可分 5 类：冷矿水（$<20℃$）；低温热水（$20\sim40℃$）；中温热水（$40\sim60℃$）；高温热水（$60\sim100℃$）；过热水（$>100℃$）。

（5）pH：pH 变化幅度大，为 $1\sim11.5$，多数中性至弱碱性。

（七）海水水质特点

（1）海水化学成分

常量成分（又称恒定成分），种类及含量——从大到小：

阳离子：Na^+、Mg^{2+}、Ca^{2+}、K^+、Sr^{2+}。

阴离子：Cl^-、SO_4^{2-}、HCO_3^-（CO_3^{2-}）、Br^-、$H_3BO_3[B(OH)_4^-]$、F^-。

（2）碱度

淡水含盐量较海水低，但其碱度与大洋水接近。

因碱度主要与碳酸根及碳酸氢根含量相关，而碳酸根及碳酸氢根含量主要与 pH 相关，两者 pH 均为中性至弱碱性，碳酸根及碳酸氢根含量相当，故大洋水与淡水碱度接近。

（3）pH

大洋水 $pH7.5\sim8.5$，表层 $pH=8.1\pm0.2$。

弱酸电离随温度升高而增大，故 pH 随温度升高而降低；盐度增加，H^+ 含量及活度减小，使 pH 增大；海洋浮游植物光合作用旺盛时，引起 CO_2 平衡体系移动，pH 升高白天海水 pH 较夜晚高。

（4）溶解气体

溶解氧：$50m$ 出现溶氧极大值；$50m$ 向深处溶氧很快减小，密度跃层出现极小值；极小值层向下两极富氧冷水团补充使得溶氧升高。

CO_2：大气与海水的 CO_2 大范围循环。高纬寒冷海域，海水中 CO_2 分压低于大气，发生 CO_2 从大气向海水净迁移；低纬海域随水温升高，CO_2 含量渐增，发生海水向大气迁移；大气环流促进 CO_2 自低纬向高纬移动；海洋酸化抑制海气碳循环。

任务 1.2　熟悉常用的给水处理方法

一、水源水质及水质标准

（一）水源水质

《生活饮用水水源水质标准》CJ 3020—93 是目前我国唯一一个关于饮用水源水质的标准，由于长年没有修订，因此一般不采用。

选择水源首先要重视水源的水质，取得必要的水质资料。一般应满足下列要求：

（1）原水要有良好的感官性状。因此，水的感观性状经净化处理后应达到《生活饮用水卫生标准》GB 5749—2006 的要求。

（2）原水中的化学指标，特别是毒理学指标应符合《生活饮用水卫生标准》GB 5749—2006。

（3）原水中的细菌学指标，只要经过加氯消毒即供生活饮用的原水，大肠菌群平均每升不超过 1000 个；经过净化处理和加氯消毒后作为生活饮用水的原水，大肠菌群平均每升不超过 10000 个。

（4）其他水质指标，经常规净化与消毒后，也应符合《生活饮用水卫生标准》GB 5749—2006。

若受条件限制，应征得主管部门同意，使其最终符合《生活饮用水水质标准》的规定。

（二）生活饮用水卫生标准

1. 饮用水基本卫生要求

生活饮用水指人们日常饮用和日常生活用水，安全饮水应保证水质符合基本要求，即人一生饮用对健康没有明显不良影响，同时应满足：水中不得含有病原微生物；水中化学物质和放射性物质不得危害人体健康；水质感官性状良好；应经消毒处理。

2. 饮用水卫生标准

2006 年卫生部和国家标准化管理委员会再次修订并联合发布《生活饮用水卫生标准》GB 5749—2006，次年 7 月 1 日实施。

本标准适用于城乡各类集中式供水的生活饮用水，也适用于分散式供水的生活饮用水。

现行标准具体各项水质参数应达到的指标和限值参见《生活饮用水卫生标准》GB 5749—2006。

二、给水处理基本方法

（一）给水处理的基本方法

依据水源水质及用水对象对水质要求不同而选用不同。

1. 去除颗粒物方法

混凝、沉淀、澄清、气浮、过滤、筛滤（格栅、筛网、微滤机、滤网滤芯过滤器等）、膜分离（微滤、超滤）、沉砂（粗大颗粒的沉淀）、离心分离（旋流沉砂）等。

2. 去除、调整水中溶解（无机）离子、溶解气体的处理方法

石灰软化、离子交换、地下水除铁除锰、氧化还原、化学沉淀、膜分离（反渗透、纳滤、电渗析、浓差渗析等方法）、水质稳定（水中溶解离子的平衡，防止结垢和腐蚀等，详见本书项目 5）、除氟（高氟水的饮用水除氟）、氟化（低氟水的饮用水加氟）、吹脱（去除游离二氧化碳、硫化氢等）、曝气（充氧）、除气（锅炉水除氧等）等。

3. 去除有机物的处理方法

原水曝气、生物预处理、臭氧预氧化、高锰酸钾预氧化、过氧化氢预氧化、预氯化、臭氧氧化、活性炭吸附、生物活性炭、膜分离、大孔树脂吸附（用于工业纯水、高纯水制备中有机物的去除）等。

4. 消毒方法

氯消毒、二氧化氯消毒、臭氧消毒、紫外线消毒、电化学消毒、加热消毒等。

5. 冷却方法

（二）常规给水处理的方法

常规所说给水处理的方法主要是澄清加消毒。针对原水中悬浮物及胶体物质，采用澄清工艺降低这些物质在原水中形成的浑浊度，同时对色度、细菌以及病毒等的去除也相当有效。消毒主要是在澄清处理工艺后进行，用以杀灭水中的致病微生物的。但当原水藻类较多或细菌指标过高，则需要在混凝前进行滤前消毒。

具体澄清处理的工艺流程又可分为：混凝、沉淀和过滤。

1. 混凝

混凝是指水中胶体颗粒及微小悬浮物的聚集过程，它是凝聚和絮凝的总称。

凝聚是指水中胶体被压缩双电层而失去稳定性的过程；絮凝是指脱稳胶体相互聚结成大颗粒絮体的过程。

混凝是在原水中投入药剂（混凝剂），使药剂与原水经过充分的混合与反应，使水中的悬浮物和胶体杂质形成易于沉淀的大颗粒絮凝体，俗称"矾花"的过程。

2. 沉淀

沉淀是指水中悬浮颗粒依靠重力作用从水中分离出来的过程。通过混凝过程的原水夹带大颗粒絮凝体以一定的水流速度流进沉淀池，通过沉淀池进行重力分离，将水中比重大的杂质颗粒下沉至沉淀池底部排出。

沉淀可分为自由沉淀、絮凝沉淀、拥挤沉淀、压缩沉淀四种基本类型。

上述混凝与沉淀两个过程也可以通过澄清池来完成，澄清池是集反应和沉淀于一体的处理构筑物。

3. 过滤

过滤一般是指以粒状材料（如石英砂等）组成具有一定孔隙率的滤料层来截留水中悬浮杂质，从而使水获得澄清的工艺过程。

过滤的作用一方面进一步降低了水的浊度，使滤后水浊度达到生活饮用水标准；另一方面为滤后消毒创造良好条件。因此，在生活饮用水净化工艺中，过滤是极为重要的净化工序，有时沉淀池或澄清池可以省略，但过滤是不可缺少的，它是保证生活饮用水卫生安全的重要措施。

滤池通常设在沉淀池或澄清池之后。进入滤池的水浊度通常要求在 10 度以下。原水通过混凝、沉淀工艺后，水的浑浊度大为降低，但通过集水槽流入水池中的沉淀水仍然残留一些细小的杂质，通过滤池中的粒状滤料（如石英砂、无烟煤等）截留水中细小杂质，使水的浑浊度进一步降低。

当原水浑浊度较低时，投入药剂后的原水也可以不经过混凝、沉淀等处理过程而直接进入过滤处理。

当原水浑浊度较高时，通常用沉砂池或预沉池去除粒径较大的泥沙颗粒。

4. 消毒

当原水进行混凝、沉淀、过滤处理之后，通过管道流入清水池，必须进行消毒，消毒的方法是在水中投入氯气、漂白粉或其他消毒剂，用以杀灭水中的致病微生物。也有采用臭氧或紫外线照射等方法对水进行消毒的。

根据不同的原水水质和对处理后的水质要求，上述各种处理方法可以单独采用，也可以几种处理方法联合采用，以形成不同的处理系统。在水质净化中，通常都是几种处理方法联合使用的。

任务 1.3　熟悉给水处理工艺

给水处理可以分为两大类：饮用水处理、工业用水处理。饮用水处理又分常规处理、预处理、深度处理、其他处理四种情况。

一、常规水处理工艺

（一）地表水为水源时

饮用水常规处理的主要去除对象是水中的悬浮物质、胶体物质和病原微生物，采用的技术包括：混凝、沉淀、过滤、消毒。主要指标：浊度、色度、微生物指标、pH、余氯。

典型处理工艺见图 1-3。

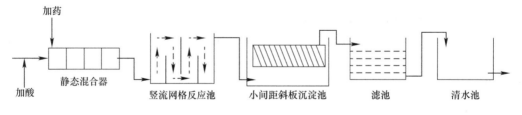

图 1-3　地表水典型处理工艺

若原水中有臭味等，需要在过滤工艺后增加活性炭以吸附溶解性物质，改善臭、味等。具体工艺为：原水＋混凝＋沉淀＋过滤＋活性炭＋消毒＋饮用水。

（二）地下水为水源时

常规处理的主要去除对象是水中可能存在的病原微生物。主要指标：浊度、色度、pH、总硬度、硫酸盐、氯化物、溶解性固体。

对于不含有特殊有害物质（如过量的铁、锰等）的地下水，其处理工艺为：原水＋消毒＋出水。

二、饮用水深度处理工艺

饮用水深度处理是对传统的混凝、沉淀、过滤和消毒四步法工艺而言的，处理技术主要有臭氧-活性炭、膜分离、生物活性炭等。

三、几种特殊水源水质的处理工艺

（一）对于含有特殊有害物质的地下水

1. 去除水中过量的铁、锰

处理方法有：曝气氧化过滤法除铁工艺、曝气接触氧化锰砂过滤法除铁、除锰工艺（接触氧化法除锰需要在 pH>7 的条件下进行）、氯氧化过滤法除铁工艺（要求 pH>5 的条件下）、高锰酸钾氧化除铁除锰工艺（为了降低投药量，原水应先进行曝气）、充氧回灌地下水层除铁除锰工艺。

2. 去除水中的氟

（1）吸附法：以活性氧化铝、磷酸二钙等作为吸附剂，过滤吸附水中的氟离子。饱和的活性氧化铝用硫酸铝溶液再生，磷酸三钙用氢氧化钠再生。

（2）混凝沉淀法：用硫酸铝、聚合氯化铝等混凝剂形成的絮体吸附氟离子，经沉淀过滤去除。因为此法的投药量很大，一般为含氟量的 100～200 倍，较少使用。

（3）离子交换法：利用离子交换树脂的交换能力去除氟离子。此法目前应用较少。

（4）电渗析法：利用离子交换膜的选择透过性除氟。

（二）富营养化水（如大量藻类繁殖）

处理方法有：化学药剂法（加药灭藻法）、微滤机除藻（通常微滤机除藻主要用于处理低浊高藻的湖泊水）、气浮法除藻、直接过滤除藻、混凝除藻、沉淀或过滤除藻、生物处理除藻。

（三）过硬源水的软化、苦咸水淡化、海水淡化

1. 在没有替代水源的情况下，对于含有过量硬度的源水可以采用软化法制取生活饮用水。

常用的方法：石灰软化法和离子交换法，小规模使用时也可以采用膜分离法。

2. 含盐量很高（几千毫克每升以上）的水称为苦咸水，我国西北部地区，如青海、甘肃、新疆等内陆干旱地区常遇到这种水。以苦咸水为源水制取饮用水需要进行淡化处理。

常用的淡化方法有：反渗透法、电渗析法等，可供钻井队、勘探队、小的社区等小规模用水单位饮用。

3. 海水可以通过淡化供饮用，但费用较高。

常用的方法：反渗透法、蒸馏法、电渗析法、结冰法等。大规模海水淡化厂多采用蒸馏法、反渗透法。小规模海水淡化，如船用海水淡化器、岛用海水淡化器，多采用反渗透法或电渗析法。

任务 1.4　熟悉给水处理岗位基本要求

给水处理岗位的基本要求应该具备一定的职业道德和相关专业知识（包括水质分析、水处理、管道安装等专业基础知识、电工知识、质量管理、安全文明生产等相关知识）。基本文化程度要求初中或职业技术学校以上学历毕业。

给水处理岗位具体包括职业名称、定义、等级、环境、能力特征五个方面的内容，其中：

职业名称：净水工。

职业定义：能对给水处理系统进行操作和对所供水质进行理化检验。

职业等级：共设三个等级，即初级、中级、高级。鉴定方式：理论知识考试和技能操作考核。

职业环境：室内，常温。

职业能力特征：具有一定的学习、表达和计算能力、具有一定的形体知觉及较敏锐的视觉、色觉、嗅觉，手指、手臂灵活，动作协调。

一、净水工岗位职业道德规范

热爱本职工作，献身供水事业；钻研文化技术，精通本职业务；保证安全供水，事事方便用户；廉洁奉公守纪，决不以水谋私；团结协作互助，文明礼貌服务。

二、净水工的工作职责

做好净水构筑物的水质处理，严把水质合格关。熟练操作岗位设备、仪器，及时准确记录生产数据，如实上报。定时检查各种设备设施的运行情况，发现问题，及时处理报告。做好液氯抢险的各种准备，并能果断应付。做好设备设施的维护保养工作，清洁生产，保持良好的工作环境。

三、净水工的日常工作

1. 认真做好交接班检查的主要内容包括：

(1) 沉淀水、滤后水、出厂水浊度是否符合规定；

(2) 加矾、加氯系统工作是否稳定；

(3) 滤池有无溢水现象；

(4) 设备是否完好，阀门有无漏水现象，维修工具是否齐全；

(5) 卫生是否符合要求；

(6) 在线仪器仪表是否运行正常；

(7) 自控设备是否完好。

2. 每小时检测一次原水、沉淀水、滤后水、出厂水的浊度，并做好记录。根据原水水质及水量变化情况及时调节投药量，确保浊度合格。

3. 每小时巡检一次，巡检主要内容有加矾、加氯系统工作是否稳定，在线仪器仪表运行是否正常，滤池有无溢水现象，滤池水面有无泡沫，观察生物预警箱生态鱼状况等，保持反应沉淀池、滤池池壁及水面清洁，做好巡检记录。

4. 每天做好反应沉淀池的排泥及滤池反冲洗工作。

5. 每天做好原水生物预警箱清洗工作。

6. 每天认真填写净水运行记录表，消毒运行记录表，自动泄氯装置运行记录，用氯情况巡检记录，净水巡检记录，净化岗位水质检测记录等与生产相关的记录文档。

7. 每天做好工作场所的环境卫生和周围的环境清洁。

能力拓展训练

一、填空题

1. 现行我国《生活饮用水卫生标准》是 GB 5749－2006，共有（　　）个指标，分为（　　）、（　　）、（　　）、（　　）和（　　）五大类。

2. 去除颗粒物方法有：（　　）、（　　）（　　）、（　　）、（　　）筛滤（　　）、膜分离（　　）、沉砂（　　）、离心分离（　　）等。

3. 消毒方法有：（　　）、（　　）、（　　）、（　　）、（　　）和（　　）等

4. 饮用水常规处理的主要去除对象是水中的（　　）、（　　），采用的技术包括：（　　）、（　　）、（　　）和（　　）。

5. 去除水中过量的铁、锰处理方法有：（　　）、（　　）、（　　）和充氧回灌地下水层除铁除锰法。

二、选择题

1. 我国饮用水水质标准中规定：铁、锰浓度分别不得超过（　　）

A. 0.3mg/L，0.1mg/L　　　　　　　　　B. 0.2mg/L，0.3mg/L

C. 0.1mg/L，0.3mg/L　　　　　　　　　D. 0.2mg/L，0.1mg/L

2. 澄清工艺中不包括（　　）。

A. 混凝　　　　　　B. 沉淀　　　　　　C. 过滤　　　　　　D. 消毒

三、简答题

1. 简述地表水净水典型工艺流程，并画出净水工艺流程图。

2. 最新生活饮用水卫生标准共分几大项？各项常规指标如何？（每大项至少列举 3 条小项）

3. 净水工的日常工作是什么？

项目 2
混凝工艺的运行与管理

【项目概述】

本项目主要介绍混凝工艺的基本知识及其及运行管理操作技能。

【学习目标】

通过本项目的学习，使学生能够复述胶体的稳定性、混凝原理、常用混凝剂和助凝剂的类型和适用条件；说出常用混合设备和絮凝构筑物的分类、构造特点和适用条件，以及混凝剂的溶解、配制和投加方法；复述混合和絮凝过程的基本要求和控制条件，并分析混凝工艺的重要性及其对后续处理工艺的影响；能够对混凝工艺进行日常运行管理、维护设备正常运行等工作，对常见故障进行分析和解决，保证混凝工艺的处理效果。

【学习支持】

水源水质及水质标准、给水处理基本方法、常规水处理工艺。

任务 2.1 认知混凝的原理

问题的提出：

首先做 1 个观察实验。

取两个装满水的量杯见图 2-1 (*a*)、(*b*)，在量杯 (*a*) 中加入砂子，在量杯 (*b*) 中加入黏土，然后将两个量杯静止放置 10 分钟后观察两个量杯中水的颜色，可以很清楚地看出：加入黏土的量杯中的水始终是浑浊的，见图 2-1 (*c*)。加入砂子的量杯，开始有些浑浊，但是 10 分钟后量杯中的砂子沉入了量杯的底部，见图 2-1 (*d*)。

(*a*)　　　　　　　(*b*)　　　　　　　(*c*)　　　　　　　(*d*)

图 2-1　含砂水与含黏土水的浊度变化实验

(*a*) 量杯 1；(*b*) 量杯 2；(*c*) 量杯 3；(*d*) 量杯 4

为什么加入黏土的量杯中的水始终是浑浊的呢？

从以上观察实验可以看出：使水产生浑浊现象的主要是天然水中的悬浮物和胶体颗粒，因此降低水的浊度就必须去除悬浮物和胶体颗粒。水中大部分较大的悬浮物可以通过自然沉淀的方法去除，而细小的悬浮物和胶体颗粒的自然沉降极其缓慢，不可能在停留时间有限的水处理构筑物中自然沉淀去除。

一、水中胶体为何不能自然沉淀

水中胶体颗粒一般分为两大类，一类是与水分子有很强亲和力的胶体，如蛋白质、碳氢化合物以及一些复杂有机物的大分子形成的胶体，称为亲水胶体。其发生水合现象，包裹在水化膜之中。另一类与水分子亲和力较弱，一般不发生水和现象，如黏土、矿石粉等无机物属于憎水胶体。由于水中的憎水胶体颗粒含量很高，引起水的浑浊度变化，有时出现色度增加，且容易附着其他有机物和微生物，是水处理的主要对象。

致使胶体颗粒不能自然沉淀的原因：

1. 悬浮微粒的布朗运动，也就是悬浮颗粒不停地做无规则运动。由于悬浮颗粒非常微小，布朗运动足以抵抗悬浮颗粒的重力影响，因此能长期悬浮于水中而不发生沉降。

2. 胶体颗粒间同性电荷的静电斥力，水中的胶体颗粒一般都带有负电荷（见图 2-2）。同性电荷相互排斥，使得胶体颗粒难以相互靠近，彼此接合成为较大颗粒而从水中沉淀。

3. 颗粒表面的水化膜作用，由于胶体颗粒本身带有负电荷，又由于水是极性分子（见图 2-3 和图 2-4）。因此胶体颗粒吸附了水分子的阳极，而使水分子的阴极全部伸向外部，因此胶体颗粒表面包裹的一层水化膜也都带有同样的负电荷（见图 2-5）。而使得胶体颗粒难以相互靠近，彼此接合成为较大颗粒而从水中沉淀。

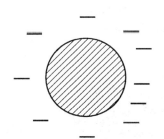

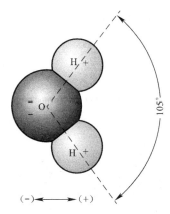

图 2-2　带负电的胶体颗粒示意图　　　　图 2-3　极性水分子示意图

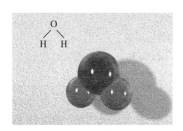

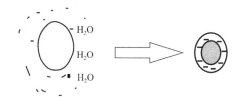

图 2-4　极性水分子结构示意图　　　图 2-5　胶体颗粒吸附水分子形成水化膜示意图

二、混凝的目的及原理

问题的提出：

现在做 1 个混凝小实验。

取两个加有黏土的量杯，在量杯（b）中加入硫酸铝，在量杯（a）中不加任何物质，然后将两个量杯静止放置 10 分钟后，观察两个量杯中水的颜色，可以很清楚地看出：加入硫酸铝的量杯中的水开始形成一些小颗粒，水中局部似乎有些变清，见图 2-6（b）；而无如何添加物的量杯中的水仍然是浑浊的，没有任何变化，见图 2-6（a）。

（a）　　　　　　　　　　　　　　（b）

图 2-6　水浊度变化的对比实验

（a）量杯 1；（b）量杯 2

为什么量杯中加入硫酸铝后，水中开始形成小颗粒，局部有变清的现象呢？

从以上实验可以看出：水中的胶体等微小的污染物质不能自然沉淀去除，而加入类似硫酸铝的混凝剂就能够使水中的微小的悬浮物和胶体物质聚集成小颗粒，而使水出现变清的趋势。为什么呢？这就是混凝的作用，混凝可以实现消除或降低胶体颗粒的稳定因素，使其失去稳定性并相互聚集成为较大的颗粒这一目的。

那么，混凝的原理是什么呢？

目前普遍用四种机理来定性描述混凝剂对水中胶体粒子的混凝作用机理。

1. 电性中和作用

根据胶体颗粒聚集理论，要使胶粒通过布朗运动碰撞聚集，必须降低或消除胶体颗粒带有负电荷而彼此排斥的作用。向水中投加一些带正电荷的离子，即增加反离子的浓度，可以中和胶粒周围较小范围内的负电荷，这样胶体颗粒表面的负电荷数量急剧减少，使得它们彼此之间的排斥力减小，甚至降为零，见图 2-7 (a)。这样胶粒通过布朗运动碰撞聚集，而逐渐变成较大的颗粒，见图 2-7 (b)。

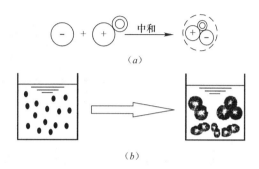

图 2-7　电性中和作用过程示意图

2. 吸附架桥作用

例如中性氢氧化铝聚合物 $[Al(OH)_3]_n$，在水中溶解后形成线性分子，且具有一定长度则可能起到架桥作用。当高分子链的一端吸附了某一胶粒后，另一端又吸附了另一胶粒，形成"胶粒-高分子-胶粒"的絮凝体，见图 2-8。高分子物质在这里起到了胶粒与胶粒之间相互结合的桥梁作用，故称吸附架桥作用。高分子物质性质不同，吸附力的性质和大小不同。当高分子物质投量过多时，将产生"胶体保护"现象，见图 2-9。高分子物质投量过少不足以将胶粒架桥连接起来，投量过多又会产生胶体保护作用。根据吸附原理，胶粒表面高分子覆盖率等于二分之一时絮凝效果最好。但在实际水处理中，胶粒表面覆盖率无法测定，故高分子混凝剂投加量通常由试验决定。

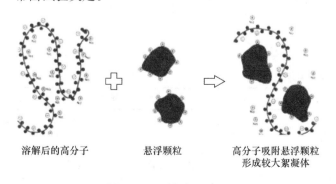

图 2-8　吸附架桥示意图

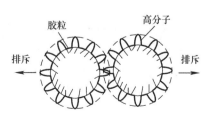

图 2-9　胶体保护现象

3. 网捕或卷扫

当混凝剂投加量很大而形成氢氧化物沉淀时，可以网捕、卷扫水中胶粒一起产生沉淀分离，称为卷扫或网捕作用。见图 2-10，大量的絮凝体网捕或卷扫水中其他没有及时形成的胶体颗粒，最终沉淀后形成清、浊分明液面。这种作用，基本上是一种机械作用，所需混凝剂量与原水杂质含量成反比，即原水中胶体杂质含量少时，所需混凝剂多，反之亦然。

图 2-10　网捕、卷扫作用过程示意图

任务 2.2　认识常用混凝剂和助凝剂

一、混凝剂

为了促使水中胶体颗粒脱稳以及悬浮颗粒相互聚结，常常投加一些化学药剂，这些药剂统称为混凝剂。按照混凝剂在混凝过程中的不同作用可分为凝聚剂、絮凝剂和助凝剂。习惯上把凝聚剂、絮凝剂统称作混凝剂。

应用于饮用水处理的混凝剂应符合以下基本要求：混凝效果良好；对人体健康无害；使用方便；货源充足；价格低廉。

混凝剂种类很多，按化学成分分为无机和有机两大类。按分子量大小又分为低分子无机盐混凝剂和高分子混凝剂。无机混凝剂品种很少，目前主要是铁盐和铝盐及其聚合物，在水处理中用的最多。有机混凝剂品种很多，主要是高分子物质，但在水处理中的应用比无机的少。

（一）常用的无机盐类混凝剂

常用的无机盐类混凝剂见表 2-1。

常用无机盐类混凝剂　　　　　　　　　　　　　　　表 2-1

名称及分子式	特点	适用条件
精制硫酸铝 $Al_2(SO_4)_3 \cdot 18H_2O$	白色结晶体，相对密度为 1.62，Al_2O_3 含量不小于 1.5%，不溶杂质含量不大于 0.5%，价格较贵	适用于水温为 20～40℃；当 pH＝4～7 时，主要去除水中有机物；pH＝5.7～7.8 时，主要去除水中悬浮物；pH＝6.4～7.8 时，处理浊度高、色度低（小于 30 度）的水
硫酸亚铁 $FeSO_4 \cdot 7H_2O$	腐蚀性较高，矾花形成较快、较稳定，沉淀时间短	适用于碱度高，浊度高，pH＝8.1～9.6 的水，当 pH 值较低时（＜8.0），常使用氯来氧化，使二价铁氧化成三价铁，也可以用同时投加石灰的方法解决

续表

名称及分子式	特点	适用条件
三氯化铁 $FeCl_3 \cdot 6H_2O$	对金属腐蚀性大，对混凝土亦腐蚀，对塑料管也会因发热而引起变形；不受温度影响，矾花粗大，沉淀速度快，效果较好；易溶解，易混合，渣滓少	适用最佳 pH 值为 6.0～8.4
聚合氯化铝 $[Al_n(OH)_m Cl_{3n-m}]$ 简写 PAC	净化效率高，耗药量少，过滤性能好；使用时操作方便，腐蚀性小，劳动条件好；设备简单，操作方便，成本较三氯化铁低	温度适应性高，pH 适用范围宽（可在 pH＝5～9 的范围内）；对各种工业废水适应性较广
聚合氯化铝铁 简写 PAFC	棕褐色或红褐色粉末，极易溶于水且水合作用弱，形成的矾花密实，沉降速度快，受水温变化影响小，出水 pH 值降低少量远低于传统混凝剂，净化后的水质优良，腐蚀性小，粉体容易溶解，优于其他同类产品	适用于低温低浊水处理；适用的 pH 值范围广在 5.0～9.0 范围内均可使用，对浊度，碱度，有机物含量变化适应性强
高铁酸钾 K_2FeSO_4	紫黑色晶体，极易溶于水，其水溶液呈紫红色不稳定、活泼，氧化性强，溶于水时生成较强吸附作用的 $Fe(OH)_3$	对自然水体、工业废水和生活废水均有较好效果

（二）常用的有机合成高分子混凝剂及天然絮凝剂

常用的有机合成高分子混凝剂（又称絮凝剂）及天然絮凝剂见表 2-2。

常用有机合成高分子混凝剂及天然絮凝剂

表 2-2

名称及分子式	特点	适用条件
聚丙烯酰胺 简写 PAM	聚丙烯酰胺固体产品不易溶解，宜在有机械搅拌的溶解槽内配制成 0.1%～0.2% 的溶液再进行投加，稀释后的溶液保存期不宜超过 1～2 周；合成有机高分子絮凝剂，为非离子型；通过水解构成阴离子型，也可通过引入基团制成阳离子型	聚丙烯酰胺有极微弱的毒性，用于生活饮用水净化时，应注意控制投加量；与常用混凝剂配合使用时，应按一定的顺序先后投加，以发挥两种药剂的最大效果；在废水处理中常被用作助凝剂，与铝盐或铁盐配合使用
脱色絮凝剂 简写脱色 I 号	属于聚胺类高度阳离子化的有机高分子混凝剂，液体产品固含量 70%，无色或浅黄色透明黏稠液体；贮存温度 5～45℃，使用 pH＝7～9，按 1:50～1:100 稀释后投加，投加量一般为 20～100mg/L，也可与其他混凝剂配合使用	对于印染厂、染料厂、油墨厂等工业废水处理具有其他混凝剂不能达到的脱色效果
天然植物改性高分子絮凝剂	取材于野生植物，制备方便，成本较低；性能稳定，不易降解变质；安全无毒；易溶于水，沉降速度快，处理水澄清度好	适用水质范围广
微生物絮凝剂 Microcobial flocculant 简写 MBF	絮凝活性高、安全无害无污染、易被生物降解、使用方便，絮凝剂产生菌的种类多、生长快，适用范围广	适用于食品工业废水的处理和再生利用

二、助凝剂

当单独使用混凝剂不能取得较好的混凝效果时，常常需要投加一些辅助药剂以提高混凝效果，这种药剂称为助凝剂。

一般自来水厂使用的助凝剂有三类，见表 2-3。

常用助凝剂   表 2-3

名称	分子式	适 用 范 围
氯	Cl_2	当处理高色度废水及用作破坏水中有机物或去除臭味时，可在投混凝剂前先投氯，以减少混凝剂用量；用硫酸亚铁作混凝剂时，为使二价铁氧化成三价铁可在水中投氯
生石灰	CaO	用于原水碱度不足；用于去除水中的 CO_2，调整 pH 值；对于印染废水等有一定的脱色作用
活化硅酸、活化水玻璃、泡花碱	$Na_2O \cdot xSiO_2 \cdot yH_2O$	适用于硫酸亚铁与铝盐混凝剂，可缩短混凝沉淀时间，节省混凝剂用量；原水浑浊度低、悬浮物含量少及水温较低（约在 14℃ 以下）时使用，效果更为显著；可提高滤池滤速，必须注意加注点要有适宜的酸化度和活化时间

三、影响混凝效果的因素

影响混凝效果的因素比较复杂，其中包括水温、水化学特性、水中杂质性质和浓度以及水利条件等。

1. 水温

水温对混凝效果有明显影响。低温水絮凝体形成缓慢，絮凝颗粒细小、松散，沉淀效果差。其原因主要有以下 3 点：

（1）水温低会影响无机盐类水解。

（2）低温水的黏度大，使水中杂质颗粒的布朗运动强度减弱，混凝效果下降，同时水流剪力增大，影响絮凝体的成长。

（3）低温水中的胶体颗粒水化作用增强，妨碍胶体凝聚，而且水化膜内的水由于黏度和重度增大，影响了颗粒之间的黏附强度。

为提高低温水混凝效果，常用的办法是投加高分子助凝剂，如投加活化硅酸后，可对水中负电荷胶体起到桥连作用。如果与硫酸铝或三氯化铁同时使用，可降低混凝剂的用量，提高絮凝体的密度和强度。

2. pH 值

混凝过程中要求有一个最佳 pH 值，使混凝反应速度达到最快，絮凝体的溶解度最小。这个 pH 值可以通过试验测定。混凝剂种类不同，水的 pH 值对混凝效果的影响程度也不同。

对于铝盐与铁盐混凝剂，不同的 pH 值，其水解产物的形态不同，混凝效果也各不相同。

对硫酸铝来说，用于去除浊度时，最佳 pH 值在 $6.5 \sim 7.5$ 之间，用于去除色度时，pH 值一般在 $4.5 \sim 5.5$ 之间。对于三氯化铝来说，适用的 pH 值范围较硫酸铝要宽。用于去除浊度时，最佳 pH 值在 $6.0 \sim 8.4$ 之间，用于去除色度时，pH 值一般在 $3.5 \sim 5.0$ 之间。

高分子混凝剂的混凝效果受水的 pH 值影响较小，故对水的 pH 值变化适应性较强。

3. 碱度

水中碱度高低对混凝起着重要的作用和影响，有时会超过原水 pH 值的影响程度。由于水解过程中不断产生 H^+，导致水的 pH 值下降。要使 pH 值保持在最佳范围以内，常需要加入碱使中和反应充分进行。

当原水碱度不足或混凝剂投量很高时，天然水中的碱度不足以中和水解反应产生的 H^+，水的 pH 值将大幅度下降，不仅超出了混凝剂的最佳范围，甚至会影响到混凝剂的继续水解。此时应投加碱剂（如石灰）以中和混凝剂水解过程中产生的 H^+。

4. 悬浮物含量

水中悬浮物含量过高时，所需铝盐或铁盐混凝剂投加量将相应增加。为了减少混凝剂用量。通常投加高分子助凝剂，如聚丙烯酰胺及活化硅酸等。对于高浊度原水处理，采用聚合氯化铝具有较好的混凝效果。

水中悬浮物浓度很低时，颗粒碰撞速率大大减小，混凝效果差。为提高混凝效果，可以投加高分子助凝剂，如活化硅酸或聚丙烯酰胺等，通过吸附架桥作用，使絮凝体的尺寸和密度增大；投加黏土类矿物颗粒，可以增加混凝剂水解产物的凝结中心，提高颗粒碰撞速率并增加絮凝体密度；也可以在原水投加混凝剂后，经过混合直接进入滤池过滤。

5. 水力条件

要使杂质颗粒之间或杂质与混凝剂之间发生絮凝，一个必要条件是使颗粒相互碰撞。适当的紊流程度，可为细小颗粒创造相互碰撞接触机会和吸附条件，并防止较大的颗粒下沉。紊流程度太强烈，虽然相碰撞机会更多，但相碰太猛，也不能互相吸附，并容易使逐渐长大的絮凝体破碎。因此，在絮凝体逐渐成长的过程中，应逐渐降低水的紊流程度。

任务 2.3　熟悉混凝设施

一、混合设备

问题的提出：

现在做 1 个混凝搅拌实验：

取两个加有黏土的 2 个水杯，并在两个水杯子都加入硫酸铝，用玻璃棒搅拌一个量杯中的水，见图 2-11 (a)，注意搅拌的速度由快变慢，搅拌时间约 20 分钟，注意不要剧烈搅动；而另一个量杯中的水不搅拌，见图 2-11 (b)，放置 20 分钟。

最后观察两个量杯中水的颜色，可以看出：经过搅拌的量杯中的水开始形成了粗大的絮凝体颗粒，之后絮凝体缓慢下沉，量杯中的水变清了。而没有搅拌的量杯中的水仍然浑浊没有任何变化。

为什么经过搅拌后，量杯中的水中形成了粗大的絮凝体？

从以上实验可以看出：搅拌可以加速混凝剂和水中胶体物质的反应速度，便于絮凝体的接触和凝聚，从而形成粗大的颗粒而从水中沉淀去除。因此，混凝工艺必需有性能优良的混凝设备。

1. 管式混合

常用的管式混合有管道静态混合器，文氏管式，孔板式管道混合器，扩散混合器等。最常用的为管道静态混合器。

（1）管道静态混合器

在管道内设置若干固定叶片，通过的水成对分流，并产生涡旋反向旋转和交叉流动，从而达到混合目的。见图2-12。

图 2-11　水中加入混凝剂后搅拌与不搅拌的对比实验

（a）搅拌；（b）不搅拌

图 2-12　管道静态混合器

（2）扩散混合器

在孔板混合器的前面加上锥形配药帽组成。锥形帽为90°夹角，顺水流方向投影面积是进水管面积的1/4，孔板面积是进水管面积的3/4，管内流速为1m/s左右，混合时间取2～3s。见图2-13。

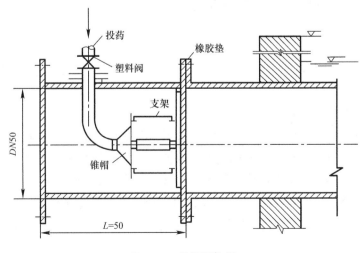

图 2-13　扩散混合器

2. 水泵混合

水泵混合是利用水泵的叶轮产生涡流，从而达到混合目的。这种方式设备简单，无需专门的混合设备，没有额外的能量消耗，所以运行费用较省。但在使用三氯化铁等腐蚀性较强的药剂时会腐蚀水泵叶轮。另外，一般水厂的原水泵房与絮凝池距离较远，容易在管道中形成絮凝体，进入池内破碎影响了絮凝效果。因此要求混凝剂投加点一般控制在 100m 以内，混凝剂投加在原水泵房水泵吸水管或吸水喇叭口处，并注意设置水封箱，以防止空气进入水泵吸水管。

3. 机械混合

通过机械在池内的搅拌达到混合目的。要求在规定的时间内达到需要的搅拌强度，满足速度快、混合均匀的要求。机械搅拌一般采用桨板式和推进式。机械搅拌一般采用立式安装，为了减少共同旋流，需要将搅拌机的轴心适当偏离混合池的中心。在池壁设置竖直挡板可以避免产生共同旋流，见图 2-14。

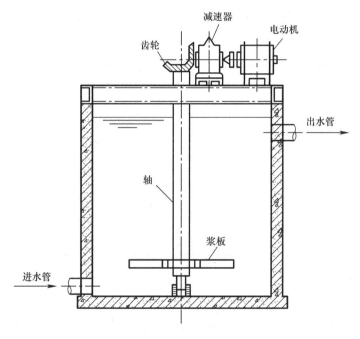

图 2-14　机械混合器

4. 新型混合器

孔板式净水混合器（见图 2-15）和并联圆管混合器（见图 2-16），在实际工程中，通过控制水流的速度和水流空间的尺度来造成高比例高强度的微涡旋，从而充分利用微小涡旋的离心惯性效应，药剂水解产物可在几秒钟内迅速完成亚微观扩散，使胶体颗粒脱稳。

二、絮凝构筑物

1. 絮凝设施的分类

絮凝设施的形式较多，一般分为水力搅拌式和机械搅拌式两大类。常用的絮凝设施见表 2-4。

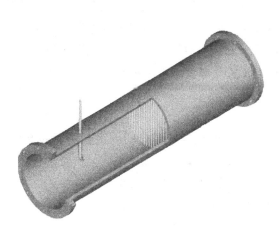

图 2-15 孔板式净水混合器

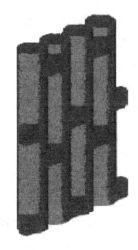

图 2-16 并联圆管混合器

常用的絮凝设施 表 2-4

分类	形 式	
水力搅拌	隔板絮凝池	往复隔板
		回转隔板
	折板絮凝池	同波折板
		异波折板
		波纹板
	网格絮凝（栅条絮凝）池	
	穿孔旋流絮凝池	
机械搅拌	水平轴搅拌絮凝池	
	垂直轴搅拌絮凝池	

2. 几种常用的絮凝池

（1）隔板絮凝池

水流以一定速度在隔板之间通过从而完成絮凝过程的絮凝设施，称为隔板絮凝池。水流方向是水平运动的称为水平隔板絮凝池，水流方向为上下竖向运动的称为垂直隔板絮凝池。水平隔板絮凝池应用较早，隔板布置采用来回往复的形式，见图 2-17。水流沿隔板间通道往复流动，流动速度逐渐减小，这种形式称为往复式隔板絮凝池。往复式隔板絮凝池可以提供较多的颗粒碰撞机会，但在转折处消耗能量较大，容易引起已形成的矾花破碎。为了减小能量的损失，出现了回转式隔板絮凝池，见图 2-18。这种絮凝池将往复式隔板 180°的急剧转折改为 90°，水流由池中间进入，逐渐回转至外侧，其最高水位出现在池的中间，出口处的水位基本与沉淀池水位持平。回转式隔板絮凝池避免了絮凝体的破碎，同时也减少了颗粒碰撞机会，影响了絮凝速度。为保证絮凝初期颗粒的有效碰撞和后期的矾花顺利形成免遭破碎，出现了往复-回转组合式隔板絮凝池。

（2）折板絮凝池

它是在隔板絮凝池基础上发展起来的，是目前应用较为普遍的形式之一。在折板絮凝池内放置一定数量的平折板或波纹板，水流沿折板竖向上下流动，多次转折，以促进絮凝。

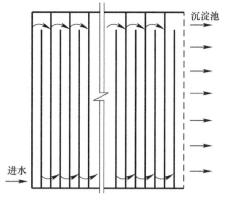

图 2-17　往复式隔板絮凝池

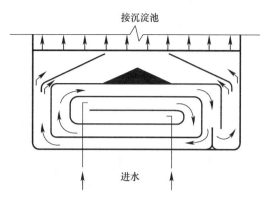

图 2-18　回转式隔板絮凝池

折板絮凝池的布置方式有以下几种分类。

1）按水流方向可以分为平流式和竖流式，以竖流式应用较为普遍。

2）按折板安装相对位置不同，可以分为同波折板和异波折板，见图 2-19。同波折板是将折板的波峰与波谷对应平行布置，使水流不变，水在流过转角处产生紊动；异波折板将折板波峰相对，波谷相对，形成交错布置，使水的流速时而收缩成最小时而扩张成最大，从而产生絮凝所需要的紊动。

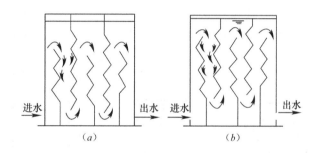

图 2-19　单通道同波和异波折板絮凝池

（a）同波折板；（b）异波折板

3）按水流通过折板间隙数，又可分为单通道和多通道，见图 2-19 和图 2-20。单通道是指水流沿二折板间不断循序流动，多通道则是将絮凝池分割成若干格，各格内设一定数量的折板，水流按各格逐格通过。

无论哪一种方式都可以组合使用。有时絮凝池末端还采用平板。同波和异波折板絮凝效果差别不大，但平板效果较差，只能放置在池末起补充作用。

（3）机械搅拌絮凝池

机械絮凝池通过电动经减速装置驱动搅拌器对水进行搅拌，使水中颗粒相互碰撞，

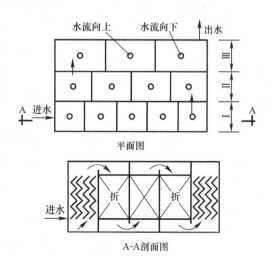

图 2-20　多通道折板絮凝池

发生絮凝。国内目前都是采用旋转式，常见的搅拌器有桨板式和叶轮式，桨板式较为常用。根据搅拌轴的安装位置，又分为水平轴式和垂直轴式，见图2-21。前者通常用于大型水厂，后者一般用于中小型水厂。机械絮凝池宜分格串联使用，以提高絮凝效果。

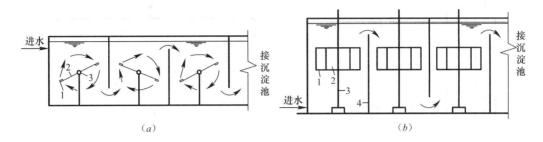

图 2-21　机械搅拌絮凝池

(a) 水平轴；(b) 垂直轴

1—桨板；2—叶轮；3—旋转轴；4—隔墙

（4）穿孔旋流絮凝池

穿孔旋流絮凝池是利用进口较高的流速，使水流产生旋流运动，从而完成絮凝过程，见图2-22。为了改善絮凝条件，常采用多级串联的形式，由若干方格（一般不少于6格）组成。各格之间的隔墙上沿池壁开孔，孔口上下交错布置。水流通过呈对角交错开孔的孔口沿池壁切线方向进入后形成旋流，所以又称为孔室絮凝池。为适应絮凝体的成长，逐格增大孔口尺寸，以降低流速。穿孔旋流絮凝池构造简单，但絮凝效果较差。

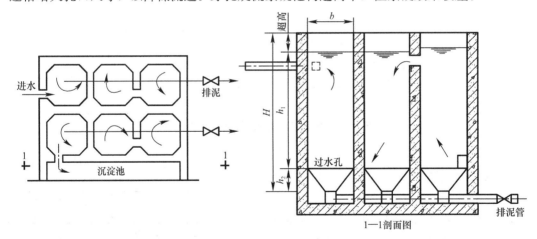

图 2-22　穿孔旋流絮凝池

（5）网格（栅条）絮凝池

网格（栅条）絮凝池见图2-23，是在沿流程一定距离的过水断面上设置网格或栅条，距离一般控制在0.6~0.7m。通过网格或栅条的能量消耗完成絮凝过程。这种形式的絮凝池形成的能量消耗均匀，水体各部分的絮体可获得较为一致的碰撞机会，所以絮凝时间相对较少。其平面布置和穿孔旋流絮凝池相似，由多格竖井串联而成。进水水流顺序从一格流到下一格，上下对角交错流动，直到出口。在全池约2/3的竖井内安装若干层网格或栅条，网格或栅条空隙由密渐疏，当水流通过时，相继收缩、扩大，形成涡旋，造成颗粒碰撞，形成良好的絮凝条件。

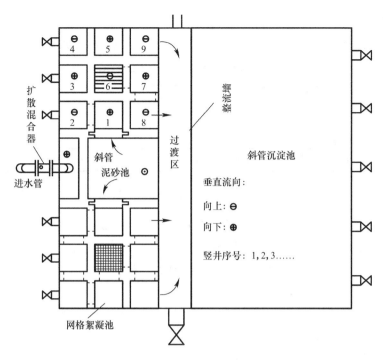

图 2-23　网格（栅条）絮凝池

（6）小孔眼网格反应技术

通过在絮凝池的流动通道上布设多层小孔眼格网（见图 2-24、图 2-25），水流通过小孔眼网格时在格条两侧的后方各产生一系列众多的小涡旋，同时由于过网水流的惯性作用，使得通过格网之后矾花变得更加密实且易沉淀。

图 2-24　廊道式布设

图 2-25　竖井式布设

任务 2.4　混凝剂的贮存与投加

一、混凝剂的配制

混凝剂投加分为干投法和湿投法两种方式。干法投加是把药剂直接投放到被处理的水中，目前国内已很少使用。

湿法投加是目前普遍采用的投加方式。将混凝剂配成一定浓度的溶液，直接定量投加到原水中。用以投加混凝剂溶液的投药系统，包括溶解池、溶液池、计量设备、提升设备和投加设备等。药剂的溶解和投加过程见图 2-26。

图 2-26　药剂的溶解和投加过程

溶解是把块状或粒状的混凝剂在溶解池中溶解成浓溶液，对难溶的药剂或在冬季水温较低时，可用蒸汽或热水加热。一般情况下只要适当搅拌即可溶解。一般药量小时采用水力搅拌，药量大时采用机械搅拌。和混凝剂溶液接触的池壁、设备、管道等，应根据药剂的腐蚀性采取相应的防腐措施。

大中型水厂通常建造混凝土溶解池，一般设计成两格，交替使用。溶解池通常设在加药间的底层，为地下式。溶解池池顶高出地面 0.2m，坡底应大于 2%，池底设排渣管，超高为 0.2～0.3m。混凝剂的溶液浓度一般取 5%～20%，每日配制次数一般不超过 3 次。

二、混凝剂的投加

1. 计量设备

通过计量或定量设备将药液投入到原水中，并能够随时调节。一般中小型水厂可采用孔口计量，常用的有苗嘴和孔板，见图 2-27。在一定液位下，一定孔径的苗嘴出流量为定值。当需要调整投药量时，只要更换苗嘴即可。标准图中苗嘴共有 18 种规格，其孔径从 0.6mm 到 6.5mm。为保持孔口上的水头恒定，还要设置恒位水箱，见图 2-28。为实现自动控制，可采用计量泵、转子流量计或电磁流量仪等。

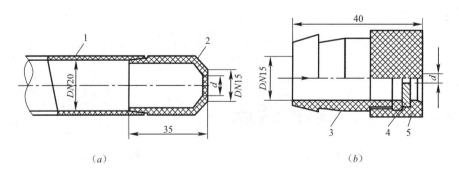

（a）　　　　　　　　　　　　　　（b）

图 2-27　苗嘴和孔板

（a）投药苗嘴；（b）孔板

1—出液软管；2—苗嘴；3—螺丝接头；4—孔板；5—压紧螺母

2. 投加方式

投加方式分为重力投加或压力投加，一般根据水厂高程布置和溶液池位置的高低来确定投加方式。

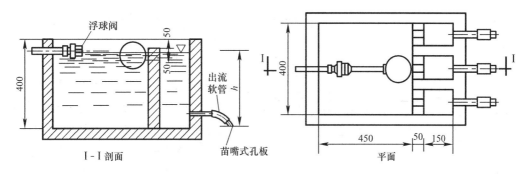

图 2-28　恒位水箱

（1）重力投加

利用重力将药剂投加在水泵吸水管内（图 2-29）或吸水井中的吸水喇叭口处（图 2-30），利用水泵叶轮混合。取水泵房离水厂加药间较近的中小型水厂采用这种办法较好。图中水封箱是为防止空气进入吸水管而设的。如果取水泵房离水厂较远，可建造高位溶液池，利用重力将药剂投入水泵压水管上，见图 2-31。

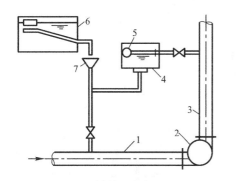

图 2-29　吸水管内重力投加

1—原水管；2—水泵；3—压力压水管；
4—水封管；5—浮球阀；6—溶液池；7—漏斗

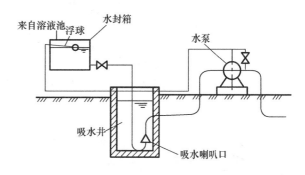

图 2-30　吸水喇叭口处重力投加

（2）压力投加

利用水泵或水射器将药剂投加到原水管中，适用于将药剂投加到压力水管中，或需要投加到标高较高、距离较远的净水构筑物内。

水泵投加是从溶液池抽提药液送到压力水管中，有直接采用计量泵和采用耐酸泵配以转子流量计两种方式，见图 2-32。

水射器投加是利用高压水（压力大于0.25MPa）通过喷嘴和喉管时的负压抽吸作用，吸入药液到压力水管中，见图 2-33。水射器投加应设有计量设备，一般水厂内的给水管都有较高压力，故使用方便。

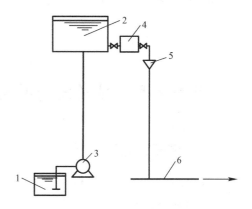

图 2-31　高位溶液池重力投加

1—贮液池；2—高位溶液池；3—水泵；
4—恒位箱；5—漏斗；6—水泵压水管

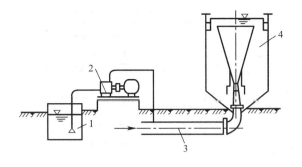

图 2-32 计量泵压力投加

1—贮液池；2—计量泵；3—压力水管；4—水力澄清池

药剂注入管道的方式，应有利于水与药剂的混合，见图 2-34 为几种投药管布置方式。投药管道与零件宜采用耐酸材料，并且便于清洗和疏通。

药剂仓库应设在加药间旁，尽可能靠近投药点，药剂的固定储量一般按 15～30 天最大投药量计算，其周转储量根据供药点的远近与当地运输条件决定。

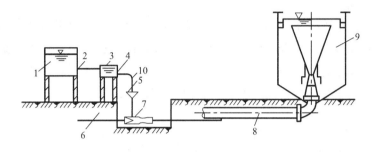

图 2-33 水射器压力投加

1—溶液池；2、4—阀门；3—投药池；5—漏斗；6—水泵压水管；
7—水射器；8—澄清池进水管；9—水力循环澄清池；10—投药管

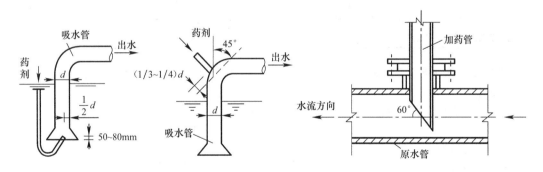

图 2-34 投药管布置

任务 2.5 混凝设备的运行与管理

一、混凝工艺的运行

（一）投药设施运行管理

1. 药剂的配制

配制药液浓度大小关系到药剂效果的发挥与每个工作日配制次数，浓度太高、太低都影响药效的发挥，浓度低配制次数也多。合适的配制浓度为 5%～15%，处理规模小时浓度可以小于 5%，处理规模大时浓度应大于 10%。药液配制浓度要准确，如果配制浓度存在 1% 的误差，投药量的误差可达 10%，这样就不能保证计量设施的准确加药量。

另外，如需添加助凝剂时，应一并配制成功。还应注意制药液不可存放太长时间，否则影响药效。

2. 混凝剂的投加

混凝剂的投加方法取决于药剂混合的方式。采用水泵混合时应在泵前加药，加药点最好选择在水泵吸水喇叭口或 45°弯头处。应特别注意的是，泵房与絮凝池之间距离一般不应超过 120m，超过则应改为泵后管道内加药，否则容易在管内结矾花。当采用泵后管道混合时，加药点应选在离絮凝池 50～100m 的范围内，太近混合不充分，太远又会形成矾花。另外，在管道内加药时，加药管出口应保持与水流方向一致，插入深度以 1/4～1/3 管径为宜。

3. 投药运行管理

（1）值班人员应对入库药剂外观、内外标志、包装及衬垫等进行感官检验。值班人员进行药剂批次称重检验，从总数中抽出本批次的 1%（不小于 10 袋）验收不符合规定的不得入库，通知送货方另行处理。合格的签收入库，填写进库记录。

（2）混凝剂经溶解后，配制成标准浓度进行计量加注，混凝剂的溶液浓度一般取 5%～20%，每日配制次数一般不超过 3 次，计量器具每年鉴定一次。

（3）固体药剂要充分搅拌溶解，并严格控制药液浓度不超过 5%，药剂配好后应继续搅拌 15min，再静置 30min 以上方可使用。

（4）要及时掌握原水水质变化情况。混凝剂的投加量与原水水质关系极为密切，因此操作人员对原水的浊度、pH 值、碱度必须进行测定。一般每班测定 1～2 次，如原水水质变化较大时，则需 1～2h 测定 1 次，以便及时调整混凝剂的投加量。

（5）重力式投加设备，每周至少自加药管始端冲洗一次加药管。

（6）配药、投药过程中，严防跑、冒、滴、漏，加强清洁卫生工作，发现问题及时报告。

（二）混合絮凝设施运行管理

1. 混合强度控制

无论采用哪种混合方式，其混合效果都可由两个参数进行控制，一个是速度梯度 G，另一个是混合时间 T。一般混合时间不超过 2min，G 值一般应控制在 500～1000s^{-1} 之间。

2. pH 值和碱度的控制

pH 值对混凝效果的影响很大。这是因为每一种混凝剂只有在要求的 pH 值范围内，才能形成氢氧化物，以胶体状态存在，从而发挥其絮凝作用。

聚合氯化铝允许 pH 值的范围为 5～9，硫酸铝允许 pH 值的范围为 6.5～7.5，硫酸亚铁允许 pH 值的范围为 8.1～9.6，三氯化铁允许 pH 值的范围为 6.4～8.4。

混凝剂投入水中，水解产生氢氧化铝（铁）胶体的过程中，产生出大量氢离子，消耗水中重碳酸盐碱度，导致 pH 值下降。因此，若超出混凝剂适用范围，应补碱，一般投加石灰，石灰最好采用石灰粉。如果用熟石灰粉，在储存和输送过程中，应避免与空气接触，防止其碳化而失去活性。

3. 混合絮凝设施运行

（1）药水药剂投入净化水中要求快速混合均匀，药剂投加点一定要在净化水流速度最大处。

（2）混合、絮凝设施运行负荷的变化，不宜超过设计值的15％。

（3）对经投约后的絮凝水体水样，注意观察出口絮凝体情况，应达到水体中絮凝体与水的分离度大，絮凝体大而均匀，且密度大。

（4）絮凝池出口絮凝体形成不好时，要及时调整加药量。最好能调整混合、絮凝的运行参数。

（5）混合、絮凝池要及时排泥。

4. 混凝工艺常见故障原因分析与对策

（1）絮凝池末端絮凝颗粒状况良好，水的浊度低，但沉淀池中矾花颗粒细小，出水携带矾花。

原因1：絮凝池末端有大量积泥，堵塞了沉淀池进水穿孔墙上部分孔口，使孔口流速过大，打碎矾花使之不易沉淀。

对策：停池清泥。

原因2：沉淀池内有积泥，降低了有效池容，使沉淀池内流速过大。

对策：停池清泥。

（2）絮凝池末端矾花状况良好，水的浊度低，但沉淀池出水携带矾花。

原因1：沉淀池超负荷。

对策：增加沉淀池接通数量，降低沉淀池的水力表面负荷。

原因2：沉淀池内存在短流。

对策：如果短流是由堰板不平整所致，则调整堰板。如果由温度变化引起密度流，则应在沉淀池进水口采取整流措施。

（3）絮凝池末端矾花细小，水体浑浊，且沉淀池出水浊度高。

原因1：混凝剂投加量不足。水中胶体颗粒不能凝聚成大矾花。

对策：此时应增加投药量，通过计算或实验确定。

原因2：进水碱度不足。混凝剂水体使pH值下降，混凝效果不能正常发挥。

对策：投加石灰、补充碱度，通过实验确定。

原因3：水温降低。当采用硫酸铝做混凝剂时水温下降会使混凝效果下降。

对策：改用氯化铁或无机高分子混凝剂；采用投加助凝剂的方法，如水玻璃，应通过实验确定。

原因4：混凝强度不足。对于非机械混合方式常出现这种情况，原因是流速低，导致混合强度不够。

对策：加强运行的管理调度，尽量保证混合有充足的流速。

原因5：絮凝条件改变。絮凝池内大量积泥，使池内流速增加，缩短了反应时间，导致混凝效果降低。另外，流量变小时，G值和T值也会低于正常值，降低混凝效果。

（4）絮凝池末端矾花大而松散，沉淀池出水清澈，但出水中携带大量矾花。

原因：混凝剂投加过量，会使矾花颗粒异常长大，不密实，不易沉淀。

对策：降低投药量，通过实验确定。

（5）絮凝池末端矾花碎小，水体浑浊，沉淀池出水浊度偏高。

原因：混凝剂投加过量，会使脱稳的胶体重新处于稳定状态，不能聚集。

对策：降低投药量，通过实验确定。

二、混凝设施的维护和保养

1. 投药设施的维护保养

（1）日常维护

1）应每月检查投药设施运行是否正常。贮存、配制、输送设施有无堵塞和滴漏。

2）应每月检查设备的润滑、加注和计量设备是否正常，并进行设备、设施的清洁保养及场地清扫。

（2）定期维护保养

1）配制、输送和计量设备，应每月检查维修，以保证不渗漏，运行正常。

2）配制、输送和加注计量设备，应每年大检查一次，做好清刷、修漏、防腐和附属机械设备、阀门等的解体修理工作，金属制栏杆、平台、管道应按规范规定的色标进行油漆。

3）大修理项目、内容、质量，应符合下列规定：

仓库构筑物（屋面、内外墙壁、地坪、门窗、内外池壁等），应每 5 年大修一次，质量应符合建筑工程有关标准的规定。

储存设备应重作防腐处理。

2. 混合絮凝设施的维护保养

（1）日常保养

1）每日做好环境的清洁工作。

2）采用机械混合的装置，应每日检查电机、变速箱，搅拌桨板的运行状况，加注润滑油，并做好清洁工作。

（2）定期维护保养

1）机械、电气设备应每月检查修理一次。

2）机械、电气设备、隔板、网格、静态混合器每年检查一次，并解体检修或更换部件。

3）金属部件每年油漆保养一次。

（3）大修理项目、内容、质量，应符合下列规定：

混合设施（包括机械传动设备）应 1～3 年进行检修或更换，大修后质量应分别符合机电和建筑工程有关标准的规定。

三、混凝设施的安全操作

1. 药剂存放的库房应保持阴凉、干燥、通风、避光，应避免库存药剂曝晒。

2. 药剂应远离热源、电源、火源，与库存药剂性质相抵的其他药剂禁止同库储藏。

3. 操作人员工作时要穿工作服、长筒胶靴，戴防护眼镜、口罩、橡胶手套、袖套、围裙等，以保护身体健康。

4. 清扫絮凝池等较深的设备时，应采取安全及监护措施，如备好救生衣、救生圈，并有专人负责监护，做好安全防护工作。

5. 维修机电设备时，应切断电源，并穿戴防止触电的衣物。

6. 絮凝沉淀池搅拌机在长时间停机后再升启时，应先点动后启动。冬季有结冰时，应先破坏冰层，再启动。

7. 絮凝沉淀池排泥时，应观察贮泥池液位，以防漫溢。

8. 操作人员应经常清理絮凝沉淀池三角堰和刮泥机机械搅拌栅上的杂物。

9. 机械、电气设备的维护保养应符合厂家关于相关产品的维护保养的规定。

能力拓展训练

一、填空题

1. 影响混凝效果的主要因素有（　　）、（　　）、（　　）、（　　）和（　　）等。

2. 硫酸铝，用于除浊度的最佳 pH 值为（　　）。

3. 混凝剂的投加方式有（　　）、（　　）和（　　）等。

4. 药剂混合有（　　）、（　　）和（　　）等方法。

5. 常用的反应池种类（　　）和（　　）两类。

二、选择题

1. 通用的凝聚剂不包括（　　）。

A. 硫酸铝　　　　　　　B. 硫酸锰　　　　　　　C. 三氯化铁　　　　　　　D. 硫酸亚铁

2. 混凝工艺主要去除的对象是（　　）。

A. 悬浮物　　　　　　　B. 胶体　　　　　　　C. 溶解物　　　　　　　D. 气体

3. 混凝剂选用原则是（　　）。

A. 混凝效果好　　　　　　　　　　　B. 对人体健康无害

C. 使用方便　　　　　　　　　　　　D. 货源充足且价格低廉

三、简答题

1. 胶体为何不能在水中自然下沉？

2. 什么叫助凝剂？常用的助凝剂有哪些？

3. 何谓混凝剂的最佳投加量？

4. 高分子混凝剂的作用是什么？高分子混凝剂投量过多时，为什么混凝效果反而不好？

5. 请简述混凝设施的维护和保养工作。

6. 请简述混凝设施的安全操作规程。

项目 3
沉淀工艺的运行与管理

【项目概述】

> 本项目主要介绍沉淀的基本知识、沉淀的设施及沉淀设备的运行管理操作技能。

【学习目标】

> 通过本项目的学习，使学生能够复述沉淀的类型和特征、理想沉淀池的沉淀原理，概述悬浮颗粒在静水中沉淀的影响因素；复述常用沉淀池、澄清池、气浮池的工作原理、类型，概述常用沉淀池的构造和适用条件，说明沉淀池、澄清池进水量的调节和配水方法，说出澄清工艺出水的水质要求，概述沉淀池、澄清池排泥方法；总结沉淀设施的维护保养方法，总结沉淀设施的安全操作要求。

【学习支持】

> 沉淀实验、给水处理基本方法、常规水处理工艺。

任务 3.1　认知沉淀原理

水中悬浮颗粒依靠重力作用从水中分离出来的过程称为沉淀。原水投加混凝剂后，通过混合、絮凝反应，水中胶体杂质凝聚成较大的矾花颗粒。利用颗粒与水的密度差，在重力作用下进行分离，密度大于水的下沉，密度小于水的上浮。

沉淀工艺应用极为广泛，主要用于去除 $100\mu m$ 以上的颗粒。在水处理中的应用主要有以下几个方面：给水处理——混凝沉淀、高浊预沉；废水处理——沉砂池（去除无机物）、初沉池（去除悬浮有机物）、二沉池（活性污泥与水分离）。

一、沉淀分类

根据水中悬浮颗粒在水中的浓度、凝聚性能强弱及浓度高低，沉淀可分为四种基本类型。见图3-1。

自由沉淀：颗粒在水中的浓度很小、呈离散状态，在沉淀过程中只受到颗粒自身的重力和水流阻力的作用，其形状、尺寸、质量等物理性质均不改变；下沉速度不受干扰，单独沉降，互不聚合，各自完成独立的沉淀过程。主要出现在沉砂池、沉淀池初期。

絮凝沉淀：颗粒在水中的浓度一般，在沉淀过程中互相碰撞、凝聚，其质量、尺寸及沉速均随深度的增加而增大。主要出现在初沉池后期、生物膜法二沉池、活性污泥法二沉池初期。见图3-2。

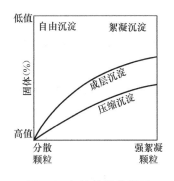

图 3-1　沉淀的四种类型

图 3-2　絮凝沉淀

拥挤沉淀：又称成层沉淀。颗粒在水中的浓度较大，在下沉过程中彼此干扰，在清水和浑水之间形成明显的交界面，并逐渐向下移动。其沉降实质是界面下降的过程。主要出现在活性污泥法二沉池的后期、浓缩池上部。

见图3-3：量筒内装有含砂量很高的浑水，沉淀不久，可看出最上层出现一层清水，清水与浑水间形成一个交界面，称为浑液面。根据悬浮物浓度的变化，可以把整个高度分为四个区域，A区代表清水区，B区为等浓度区，D区为颗粒逐渐压实的区域，称为压缩区，在B区与D区有一个过渡区域C。沉淀时间越长，浑液面越往下移，直到B、C两区全部消失，只剩下A区及D区，此后D区高度也逐渐减小，但很缓慢，直到最后完全压实为止。

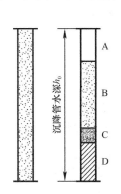

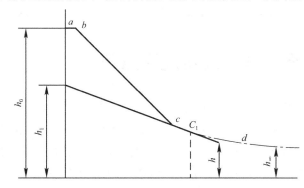

图 3-3　高浊度水的拥挤沉淀过程

压缩沉淀：颗粒在水中的浓度很高，颗粒相互接触并部分地受到压缩物支撑，下部颗粒的间隙水被挤出，颗粒被浓缩。主要出现在活性污泥法二沉池污泥斗、浓缩池中的浓缩。

二、天然颗粒在静水中自由沉淀

1. 自由沉淀过程中的沉速 u

研究天然颗粒在静水中的自由沉淀，必须满足三个假设条件：一是颗粒为球形，其大小、形状、质量在沉降过程中均不发生变化；二是稀悬浮液，颗粒之间距离无穷大，沉降过程互不干扰；三是水处于静止状态。

以球型颗粒为例，推导出颗粒在水中的沉速，斯托克斯公式

$$u = \frac{gd^2(\rho_s - \rho_l)}{18\mu} \tag{3-1}$$

式中　d——颗粒直径；

　ρ_s、ρ_l——分别为颗粒、水的密度；

　u——颗粒沉降速度；

　μ——动力黏滞系数；

斯托克斯沉速公式，是以三个假设条件为前提。实际水体中悬浮物组成复杂，颗粒形状多样，粒径大小不一，密度也有差异，采用理论公式计算十分困难。实际水中悬浮颗粒的自由沉降性能一般通过沉淀试验来获得。

2. 自由沉淀试验

由于自由沉淀时颗粒是等速下沉，下沉速度与沉淀高度无关，因而自由沉淀可在一般沉淀柱内进行，但其直径应该足够大，一般应使 $D \geqslant 100\text{mm}$，以免沉淀颗粒受沉淀柱内壁的干扰。

设在水深为 H 的沉淀柱内进行自由沉淀实验，见图 3-4。实验开始，沉淀时间为 0，此时沉淀柱内悬浮物分布是均匀的，即每个断面上颗粒的数量与粒径的组成相同，悬浮物浓度为 C_0（mg/l），此时去除率 $E = 0$。

实验开始后，不同沉淀时间 t_i，颗粒最小沉淀速度 u_0 相应为：

$$u_0 = \frac{H}{t_i} \tag{3-2}$$

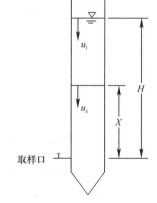

图 3-4　自由沉淀实验

u_0 为 t_i 时间内从水面下沉到取样点的最小颗粒 d_i 的沉速。此时取样点处水样悬浮物浓度为 C_i，未被去除之颗粒 $d < d_i$ 的颗粒所占的百分比为：

$$P_0 = \frac{C_i}{C_0} \tag{3-3}$$

因此，被去除的颗粒（粒径 $d \geqslant d_i$）所占比例为：

$$E_0 = 1 - P_0 \tag{3-4}$$

沉淀时间 t_i 内，沉淀至池底的颗粒由两部分颗粒组成。即沉速 $u \geqslant u_0$ 的颗粒能全部沉至池底，沉速 $u < u_0$ 的颗粒，有一部分能沉至池底。$u < u_0$ 的颗粒虽然粒径很小，但并

不都在水面，而是均匀地分布在整个沉淀柱的高度内，只要它们下沉至池底所用的时间少于或等于沉速 u_0 的颗粒由水面降至池底所用的时间 t_i，这部分颗粒也能从水中被去除。沉速 $u<u_i$ 的颗粒部分能从水中去除，粒径大的沉到池底的多，粒径小的沉到池底的少，各种粒径颗粒去除率并不相同。分别求出各种粒径的颗粒占全部颗粒的百分比、颗粒在时间 t_i 内能沉到池底的占本粒径颗粒的白分比，二者乘根即为此种粒径颗粒在全部颗粒中的去除率。相加后，得出 $u<u_i$ 颗粒的去除率为 $\frac{1}{u_0}\int_0^{p_0} u \mathrm{d}p$。因此总去除率为

$$E = 1 - P_0 + \frac{1}{u_0}\int_0^{p_0} u \mathrm{d}p \tag{3-5}$$

式中　E——总去除率；

$1-P_0$——沉速 $u \geqslant u_0$ 的颗粒去除百分数；

u_0——某一指定颗粒的最小沉降速度；

u——小于最小沉降速度 u_0 的颗粒沉速。

三、絮凝颗粒在静水中自由沉淀

水处理中经常遇到的悬浮颗粒的沉淀过程多属于絮凝性沉淀过程。絮凝性悬浮物的去除率不仅取决于沉降速度，还与深度有关，其沉淀效果可根据沉淀试验预测，实验用沉淀柱高度尽量接近实际沉淀池的深度。可采用深 1500～3000mm，直径为 100～200mm，并设有 4～6 个取样口的沉淀柱。将水样装满沉淀柱，搅拌均匀后开始计时，每隔一定时间间隔（如每隔 10min）同时在各取样口取样。沉淀高度为 H，沉淀时间为 t 时的悬浮物颗粒去除率为：

$$E = E_0 + \frac{u_1}{u_0} \cdot P_1 + \frac{u_2}{u_1} \cdot P_2 + \cdots + \frac{u_n}{u_0} \cdot P_n \tag{3-6}$$

式中　　　E——沉淀高度为 H，沉淀时间为 t 时的悬浮物颗粒去除率；

P_1、P_2、P_n——沉淀百分数间的数值差。

四、理想沉淀池的沉淀原理

1. 理想沉淀池的沉淀过程分析

要进行理想沉淀池的过程分析，必须做三个假定：一是颗粒处于自由沉淀状态；二是水流沿着水平方向作等速流动，在过水断面上各点流速相等，颗粒的水平分速等于水流流速；三是颗粒沉到池底即认为已被去除。理想沉淀池工作状况见图 3-5，分流入区、流出区、沉淀区和污泥区。

2. 沉速 u_0 和表面负荷率 q

从池中的点 A 进入的颗粒运动轨迹是水平流速 v 和颗粒沉速 u 的矢量和。

见图 3-5，直线 I 表示从池顶 A 点开始下沉而能够在沉底最远处 D 点之前沉到池底的颗粒运动轨迹；直线 II 表示从池顶 A 点开始下沉而不能够沉到池底的颗粒的运动轨迹。直线 III 表示从池顶 A 点开始下沉而正好沉到池底最远处 D 点的颗粒的运动轨迹。

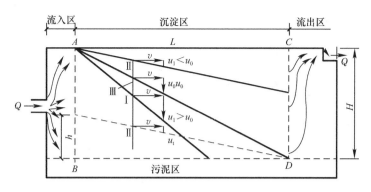

图 3-5　理想沉淀池工作状况

将直线Ⅲ代表的颗粒具有的沉速定义为 u_0，通常称为截留沉速，反映了沉淀池所能去除的颗粒中最小颗粒的沉速。$u \geqslant u_0$ 的颗粒，都可在 D 点前沉淀掉；$u \leqslant u_0$ 的颗粒，视其在流入区所处位置而定，靠近水面则不能被去除（轨迹Ⅱ实线所代表颗粒），靠近池底就能被去除（轨迹Ⅱ虚线所代表颗粒）。

水平流速 v 和沉速 u_0 与沉淀时间 t 有关，推导得出

$$u_0 = \frac{Q}{BL} = \frac{Q}{A} = q \tag{3-7}$$

式中：Q——沉淀池设计流量；

$\quad\quad B$——沉淀池宽度；

$\quad\quad L$——沉淀池长度；

$\quad\quad A$——沉淀池表面积；

$\quad\quad q$——表面负荷率或溢流率，表示在单位时间内通过沉淀池单位表面积的流量，单位为 $\mathrm{m^3/m^2 \cdot s}$ 或 $\mathrm{m^3/m^2 \cdot h}$，其数值等于截留沉速，但含义不同。

3. 总沉淀效率

理想沉淀池总沉淀效率由两部分组成。一部分是 $u \geqslant u_0$ 的颗粒去除率，这类颗粒将全部沉掉，去除率为 $1 - P_0$（P_0 为所有沉速 $u < u_0$ 的颗粒重量占原水中全部颗粒重量的百分率）。另一部分是 $u < u_0$ 的颗粒部分沉到池底，去除率为 $\frac{1}{Q/A}\int_0^{P_0} u_i \mathrm{d}P_i$（沉速 u_i 的颗粒重量占原水中全部颗粒重量的百分率）。

因此理想沉淀池总沉淀效率为

$$E = (1 - P_0) + \frac{1}{Q/A}\int_0^{P_0} u_i \mathrm{d}P_i \tag{3-8}$$

4. 结论

（1）理想沉淀池颗粒去除率取决于沉淀池的表面负荷 q 和颗粒沉速 u_t，而与其他因素（如水深、池长、水平流速和沉淀时间）无关。这一理论由哈真在 1904 年提出。

（2）去除率一定时，颗粒沉速 u_t 越大，则表面负荷 q 越高，产水量越大；当产水量表面积 A 不变时，u_t 越大，则去除率越高。

（3）颗粒沉速 u_t 一定时，增加沉淀池表面积 A 可以提高去除率。当沉淀池容积一定

时，池深较浅则表面积大，去除率可以提高，这就是"浅池理论"，是斜板（管）沉淀池的发展理论基础。

任务 3.2　熟悉澄清设施

一、沉淀池

（一）沉淀池概述

1. 沉淀池分类

（1）按沉淀池的水流方向分类

按沉淀池的水流方向不同，可分为平流式沉淀池、竖流式沉淀池、辐流式沉淀池。见图 3-6。

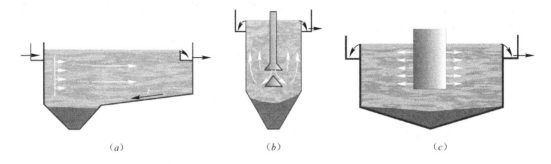

（a）　　　　　　　　　　　（b）　　　　　　　　　　　（c）

图 3-6　沉淀池类型

（a）平流式沉淀池；（b）竖流式沉淀池；（c）辐流式沉淀池

几种类型沉淀池比较见表 3-1。

几种类型沉淀池比较　　　　　　　　　　　　表 3-1

池型	水流方向	优点	缺点	适用条件
平流式	水从池的一端流入，按水平方向在池内向前流动，从另一端溢出	1. 对冲击负荷和温度变化的适应能力较强； 2. 施工简单，造价低	1. 采用多斗排泥，每个泥斗需单独设排泥管各自排泥，操作工作量大； 2. 采用机械排泥，机件设备和驱动件均浸于水中，易锈蚀	1. 适用地下水位较高及地质较差的地区； 2. 适用于大、中、小型污水处理厂
竖流式	水从池中央下部进入，由下向上流动，沉淀后上清液由池面和池边溢出	1. 排泥方便，管理简单； 2. 占地面积较小	1. 池深度大，施工困难； 2. 对冲击负荷和温度变化的适应能力较差； 3. 造价较高； 4. 池径不宜太大	适用于处理水量不大的小型污水处理厂

续表

池型	水流方向	优点	缺点	适用条件
辐流式	水从池中心进入,沉淀后从池子的四周溢出,池内水流呈水平方向流动,但流速是变化的	1. 采用机械排泥,运行较好,管理较简单; 2. 排泥设备已有定型产品	1. 池水水流速度不稳定; 2. 机械排泥设备复杂,对施工质量要求较高	1. 适用于地下水位较高的地区; 2. 适用于大、中型污水处理厂

（2）按工艺布置分类

按工艺布置不同,可分为初次沉淀池、二次沉淀池。

初次沉淀池。主要去除有机固体颗粒,降低生物处理构筑物的有机负荷。设置在沉砂池之后,某些生物处理构筑物之前。

二次沉淀池。用于沉淀生物处理构筑物出水中的微生物固体,设置在生物处理构筑物之后。

（3）按截流颗粒沉降距离分类

按截流颗粒沉降距离不同,可分为一般沉淀池、浅层沉淀池。斜板或斜管沉淀池的沉降距离仅为 30～200mm 左右,是典型的浅层沉淀池。

2. 沉淀池的运行方式,见表 3-2。

沉淀池的运行方式比较　　　　　　　　　　表 3-2

运行方式	工作过程	工　作　特　点
间歇式	进水、静止、沉淀、排水	水中可沉淀的悬浮物在静止时完成沉淀过程,由设置在沉淀池池壁不同高度的排水管排出
连续式	水连续不断地流入与排出	水中可沉颗粒的沉淀在流过水池时完成,这时颗粒受到重力所造成的沉速与水流流动的速度两方面的作用

（二）平流式沉淀池

平流式沉淀池构造简单,为一长方形水池,由流入装置、流出装置、沉淀区、缓冲层、污泥区及排泥装置等组成。

流入装置。一般与絮凝池合建,设置穿孔墙,水流通过穿孔墙,直接从絮凝池流入沉淀池,均布于整个断面上,保护形成的矾花,见图 3-7。沉淀池的水流一般采用直流式,避免产生水流的转折。一般孔口流速不宜大于 0.15～0.2m/s,孔洞断面沿水流方向渐次扩大,以减小进水口射流,防止絮凝体破碎。

流出装置。一般由流出槽与挡板组成。流出槽设自由溢流堰、锯齿形堰或孔口出流等;溢流堰要求严格水平,既可保证水流均匀,又可控制沉淀池水位。出流装置常采用

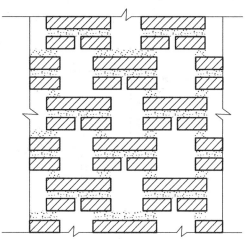

图 3-7　穿孔墙

自由堰形式，堰前设挡板，见图 3-8，挡板入水深 0.3～0.4m，距溢流堰 0.25～0.5m；也可采用潜孔出流以阻止浮渣，或设浮渣收集排除装置。

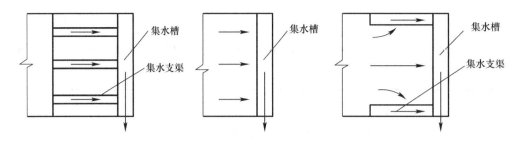

图 3-8　平流式沉淀池的出水堰形式

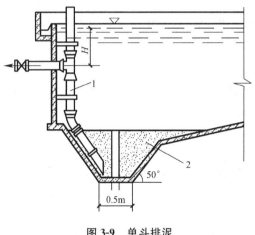

图 3-9　单斗排泥

1—排泥管；2—泥斗

沉淀区。平流式沉淀池的沉淀区在进水挡板和出水挡板之间，长度一般为 30～50m。深度从水面到缓冲层上缘，一般不大于 3m。沉淀区宽度一般为 3～5m。

缓冲层。为避免已沉污泥被水流搅起以及缓冲冲击负荷，在沉淀区下面设有 0.5m 左右的缓冲层。平流式沉淀池的缓冲层高度与排泥形式有关。重力排泥时缓冲层的高度为 0.5m，机械排泥时缓冲层的上缘高出刮泥板 0.3m。

污泥区。污泥区的作用是贮存、浓缩和排除污泥。沉淀池内的可沉固体多沉于池的前部，故污泥斗一般设在池的前部。池底的坡度必须保证污泥顺底坡流入污泥斗中，坡度的大小与排泥形式有关。排泥方式一般有静水压力排泥和机械排泥。

静力排泥是依靠池内静水压力（初沉池为 1.5～2.0m，二沉池为 0.9～1.2m），将污泥通过污泥管排出池外。排泥装置由排泥管和泥斗组成，见图 3-9。排泥管管径为 200mm，池底坡度为 0.01～0.02。为减少池深，可采用多斗排泥，每个斗都有独立的排泥管，见图 3-10。

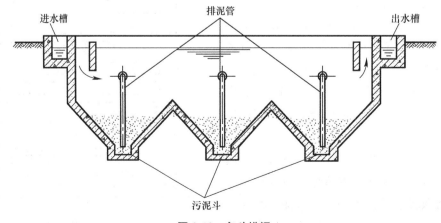

图 3-10　多斗排泥

目前平流沉淀池一般采用机械排泥。机械排泥是利用机械装置，通过排泥泵或虹吸将池底积泥排至池外。机械排泥装置有链带式刮泥机（图 3-11）、行车式刮泥机（图 3-12）、泵吸式排泥和虹吸式排泥装置等。

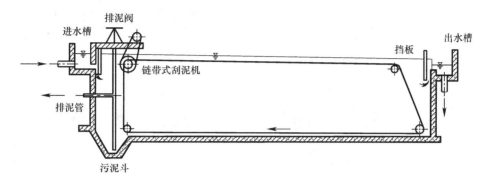

图 3-11　链带式刮泥机

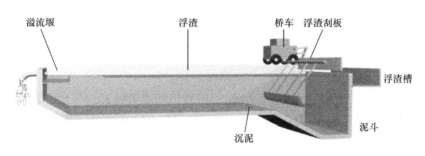

图 3-12　行车式刮泥机

行车式刮泥机工作时，沿池壁的轨道移动，将污泥推入贮泥斗、浮渣刮入浮渣槽中。

链带式刮泥机工作时，链带缓慢地沿与水泥板滑动到水面时，又将浮渣推到出口，集中清除。链带式刮泥机的各种机件都在水下，容易腐蚀，养护较为困难。

当不设存泥区时，可采用吸泥机，使集泥与排泥同时完成。常用的吸泥机有多口式和单口式，且又分为虹吸和泵吸两种。

（三）竖流式沉淀池

竖流式沉淀池的平面可为圆形、正方形或多角形，从中心进水，周边出水。竖流为达到水流均匀分布的目的，直径或边长不能太大，一般为 4～7m，不大于 10m。池深、宽（径）比一般不大于 3，通常取 2。

竖流式沉淀池的构造见图 3-13。水由中心管自上而下，在下端经反射板拦阻折上流，向四周均布于池中整个水平断面上。中心管内的流速不宜大于 100mm/s，末端喇叭口及反射板起消能及折水流向上的作用。沉速超过上升流速的颗粒则向下沉降到污泥斗中，澄清后的水由池四周的堰口溢出池外。如果池子直径大于 7m，为了使池内水流分布均匀，可增设辐射方向的流出槽，流出槽前设挡板以隔除浮渣。

污泥斗倾角为 55°～60°，依靠静水压力将污泥从排泥管中排出，排泥管直径 200mm，排泥静水压力为 1.5～2.0m（初次沉淀池不应小于 1.5m，二次沉淀池不应小于 1.2m，曝气池后的不应小于 0.9m）。

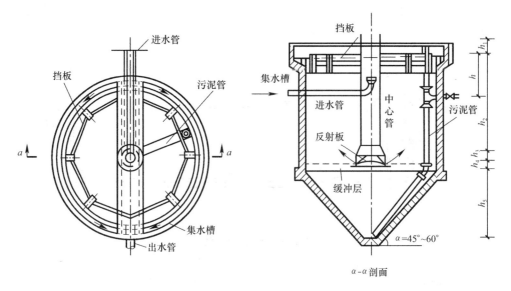

图 3-13　竖流式沉淀池的构造

在竖流式沉淀池中，水是从下向上以流速 v 做竖向流动，废水中的悬浮颗粒有以下三种运动状态：当 $u_0 > v$ 时，颗粒将以 $u_0 - v$ 的差值向下沉淀，颗粒得以去除；当 $u_0 = v$ 时，则颗粒处于悬浮状态，不下沉也不上升；当 $u_0 < v$ 时，颗粒将不能沉淀下来，会被上升水流带走。

当颗粒属于自由沉淀类型时，其沉淀效果（在相同的表面水力负荷条件下）竖流式沉淀池的去除率要比平流式低。当颗粒属于絮凝沉淀类型时，由于在池中的流动存在着各自相反的状态，就会出现上升颗粒与下沉颗粒，上升颗粒与上升颗粒之间、下沉颗粒与下沉颗粒之间的相互接触、碰撞，致使颗粒的直径逐渐增大，有利于颗粒的沉淀。

（四）辐流式沉淀池

辐流式沉淀池可分为中心进水、周边进水两种进水方式，见图 3-14、图 3-15。

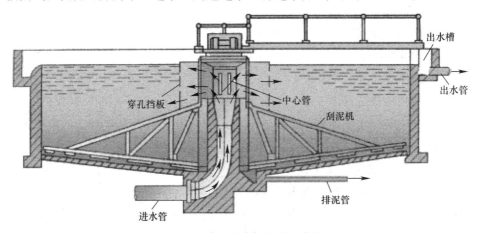

图 3-14　中心进水辐流式沉淀池

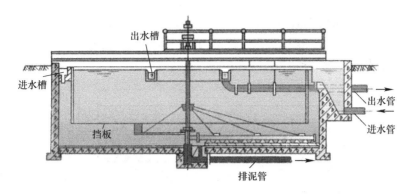

图 3-15 周边进水辐流式沉淀池

辐流式沉淀池适用于大水量的沉淀处理，池形为圆形，直径在 20m 以上，一般在 30～50m，最大可达 100m，周边水深 2.5～3.5m。池径与水深比宜采用 6～12，底坡 0.05～0.10，在进水口周围应设置整流板，其开孔面积为过水断面积的 6%～20%。

排泥方法有静水压力排泥和机械排泥。一般用周边传动的刮泥机，其驱动装置设在桁架的外缘，见图 3-16。刮泥机桁架的一侧装有刮渣板，可将浮渣刮入设于池边的浮渣箱。池径或边长小于 20m 时，采用多斗静水压力排泥。池径大于 20m 时，采用机械排泥，一般用中心传动的刮泥机，其驱动装置设在池子中心走道板上。

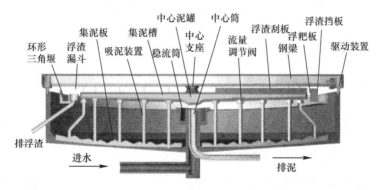

图 3-16 辐流式沉淀池排泥装置

（五）斜板（管）沉淀池

斜流式沉淀池是根据浅池理论，在沉淀池的沉淀区加斜板或斜管而构成，被处理水从管道或平板的一端流向另一端，相当于很多个浅而且小的沉淀池组合在一起，见

图 3-17。由于平板的间距和管道的管径较小，故水流在此处为层流状态，当水在各自的平板或管道间流动时，各层隔开互不干扰，为水中固体颗粒的沉降提供了十分有利的条件，大大提高了水处理效果和能力。

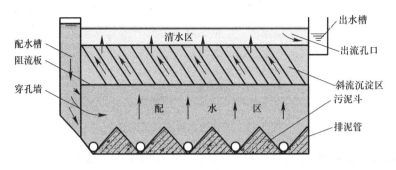

图 3-17 斜板（管）沉淀池

按斜板或斜管间水流域污泥的相对运动方向来区分，斜流式沉淀池有同向流、异向流、侧向流三种。见图 3-18。水处理中常采用异向流斜流式沉淀池。

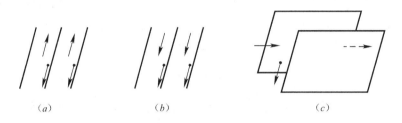

图 3-18 斜流式沉淀池

(a) 异向流；(b) 同向流；(c) 侧向流

板（管）材要求轻质、坚固、无毒、价廉。目前较多采用聚丙烯塑料或聚氯乙烯塑料，见图 3-19。

图 3-19 斜管沉淀池中的管材

(a) 聚丙烯塑料；(b) 聚氯乙烯塑料

二、澄清池

广义上来讲澄清池也是沉淀池的一种，但又不同于沉淀池。澄清池集混凝和沉淀两个水处理过程于一体，在一个处理构筑物内完成。澄清池利用池中活性泥渣层与混凝剂以及原水中的杂质颗粒相互接触、吸附，把脱稳杂质阻留下来，使水达到澄清目的。活性泥渣层接触介质的过程，就是絮凝过程，常称为接触絮凝。在絮凝的同时，杂质从水中分离出来，清水在澄清池的上部被收集。

（一）澄清池分类

按泥渣运动情况，澄清池可分为泥渣循环式澄清池和泥渣悬浮式澄清池。

1. 泥渣循环式澄清池

在澄清池中有部分泥渣循环运行，即泥渣中有部分回流到进水区，与进水混合后共同流动，待流至泥渣分离区进行澄清分离后，这些泥渣又返回原处。典型工艺有机械搅拌澄清池和水力循环澄清池。

（1）机械搅拌澄清池

机械搅拌澄清池是将混合、絮凝反应及沉淀工艺综合在一个池内。利用机械搅拌的提升作用，来完成泥渣循环回流和接触反应，促进较大絮体的形成。泥渣回流量为进水量的 3～5 倍，可通过调节叶轮开启度来控制。为保持池内浓度稳定，要排除多余的污泥，所以在池内设有 1～3 个泥渣浓缩斗。澄清池底部设有排泥管，供排空之用；环形进水槽上部设有排气管，以排除随水带入的空气。当池径较大或进水含砂量较高时，需装设机械刮泥机。

其工作过程：见图 3-20，原水由进水管进入界面为三角形的环形进水槽，通过槽下的出水孔或缝隙，均匀地流入第一反应室；在第一反应室中，原水、混凝剂和回流泥渣均匀混合，进行接触反应，然后由叶轮提升至第二反应室继续反应，以结成较大的絮凝颗粒；水流经设在第二反应室上部四周的导流室消除水流的紊动后，进入分离室；分离室中由于其界面较大，故水流速度很慢，可使泥渣和水分离。分离出的水流入集水槽。由分离室分离出来的泥渣大部分回流至第一反应室，部分泥渣进入泥渣浓缩室定期排走。

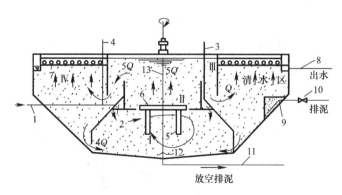

图 3-20 机械搅拌澄清池工作过程

1—进水管；2—三角配水槽；3—透气管；4—投药管；5—搅拌浆；6—提升叶轮；7—集水槽；8—出水管；

9—泥渣浓缩室；10—排泥阀；11—放空管；12—排泥罩；13—搅拌轴；

Ⅰ—第一絮凝室；Ⅱ—第二絮凝室；Ⅲ—导流室；Ⅳ—分离室

该池的优点是：效率较高且比较稳定；对原水水质（如浊度、温度）和处理水量的变化适应性较强；操作运行较方便；应用较广泛。

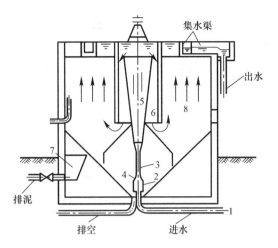

图 3-21　水力循环澄清池工作过程

1—进水管；2—喷嘴；3—喉管；4—喇叭口；

5—第一絮凝室；6—第二絮凝室；

7—泥渣浓缩室；8—分离室

（2）水力循环澄清池

其工作过程：见图 3-21，原水由底部进入池内，经喷嘴喷出。喷嘴和混合室组成一个射流器，喷嘴高速水流把池子锥型底部含有大量絮凝体的水吸进混合室内相进水掺合，经第一反应室喇叭口溢流出来，进入第二反应室中。吸进去的流量称为回流，一般为进口流量的 2～4 倍。第一反应室和第二反应室构成了一个悬浮物区，第二反应室出水进入分离室，相当于进水量的清水向上流向出口，剩余流量则向下流动，经喷嘴吸入与进水混合，再重复上述水流过程。

该池优点是：无需机械搅拌设备，运行管理较方便；锥底角度大，排泥效果好。缺点是：反应时间较短，造成运行上不够稳定，不能适用于大水量。

2. 泥渣悬浮式澄清池

泥渣悬浮式澄清池是指运行时有悬浮着的活性泥渣层，水在通过泥渣层时相互接触，进行混凝反应，完成澄清工作。有悬浮澄清池和脉冲澄清池。

（1）悬浮澄清池

其工作过程：见图 3-22，原水由池底进入，靠向上的流速使絮凝体悬浮。因絮凝作用悬浮层逐渐膨胀，当超过一定高度时，则通过排泥窗口自动排入泥渣浓缩室，压实后定期排出池外。进水量或水温发生变化时，会使悬浮工作不稳定，现已很少采用。

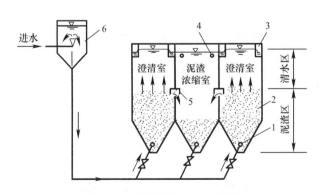

图 3-22　悬浮澄清池工作过程

1—穿孔配水管；2—泥渣悬浮层；3—穿孔集水槽；4—强制出水管；5—排泥窗口；6—气水分离器

（2）脉冲澄清池

其工作过程：见图 3-23，通过配水竖井向池内脉冲式间歇进水。在脉冲作用下，池内悬浮层一直周期地处于膨胀和压缩状态，进行一上一下的运动。这种脉冲作用使悬浮层的工作稳定，端面上浓度分布均匀，并加强颗粒的接触碰撞，改善混合絮凝的条件，从而提高了净水效果。

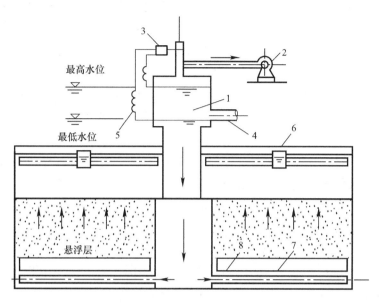

图 3-23　脉冲澄清池工作过程

1—进水室；2—真空泵；3—进气阀；4—进水管；5—水位电极；6—集水槽；7—稳流板；8—配水管

（二）影响澄清效果的因素

影响机械搅拌澄清池澄清效果的因素：

1. 澄清水在池中的停留时间

停留时间过短，水与药剂接触时间短，混凝反应不充分，效果不好；另外絮粒的生成、成长过程也需要一定的时间。所以要保证澄清效果，控制停留时间很关键。一般，水在澄清池中的停留时间为 1.2～1.5h，其中第一反应室的时间约为 20～30min，在第二反应室的停留时间为 0.5～1h。

2. 澄清水流速

澄清水流速从三个方面影响澄清效果。

澄清水上升流速一般为 0.8～1.1mm/s，低温、低浊度水时，可控制在 0.7～0.9mm/s。流速过快，水流沿整个池截面流动不均，流速快易于将悬浮物带出清水区，影响澄清效果，同时流速快也易于产生短流。集水槽流速一般控制在 0.4～0.6m/s。出水管流速为 1.0m/s 左右。

3. 泥渣情况

澄清池在运行中应保持一定量的泥渣，能够促进澄清作用。主要有如下作用：

（1）接触介质作用

泥渣中的矾花颗粒是一种吸附剂，能够吸附水中的悬浮物和反应生成的沉淀物，使其与水分离，这在实质上就是一种"接触混凝"过程。同时反应生成的沉淀物又起着结晶核心的作用，测试沉聚物逐渐长大，加速沉降分离。

（2）架桥过滤作用

由于泥渣中含有较多矾花，该矾花在形成过程中构成许多网眼，这时的泥渣层就形成一层过滤网，能够阻留微小悬浮物和沉聚物的通过，从而产生架桥过滤作用。

（3）碰撞混凝作用

泥渣层的矾花颗粒大，它们相互间的间距较小，使水流在通过泥渣层时受到阻留而改变方向，形成紊动。紊动有利于颗粒间的碰撞，混凝成较大的颗粒而加速沉降。同时由于水流的紊动，也将导致矾花颗粒间发生不规则的扰动。这在一定程度上有利于改变泥渣颗粒浓度的分布状态，使悬浮颗粒上升速度减小，也有利于颗粒的沉降。

但泥渣层浓度过大，不利于澄清过程。一是泥渣层的增高，将导致澄清池截面水上升流速增加，并致使水紊流加剧，引起矾花上翻，不利于细小悬浮物的沉降；二是由于失去活性表面的矾花相对增加，使一部分刚刚失稳的胶体颗粒失去最佳的絮凝条件，不能及时被吸附。因此，为使泥渣层处于良好状态，运行控制第二反应室泥渣浓度为2500～5000mg/L，5min泥渣沉降比为10%～20%。

泥渣悬浮层上升流速与泥渣的体积、浓度有关，因此，正确选用上升流速，保持良好的泥渣悬浮层，是澄清池取得较好处理效果的基本条件。

三、气浮池

（一）气浮的基本原理

气浮是气浮机的简称，是利用高度分散的微小气泡为载体去粘附水中的疏水性颗粒，将小气泡和颗粒视为一个整体，其整体密度小于水而上浮到水面，从而实现固-液或者液-液的分离。

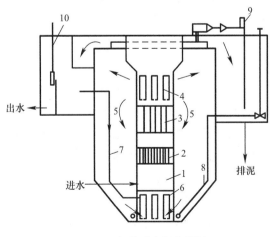

图3-24 竖流式电解气浮池

1—入流室；2—整流栅；3—电极组；4—出流孔；
5—分离室；6—集水孔；7—出水管；8—排沉泥管；
9—刮渣机；10—水位调节器

（二）气浮工艺的类型与特点

按照产生气泡的方法不同，气浮可以分为电解浮上法、分散空气浮上法和溶解空气浮上法三种。

1. 电解浮上法

电解浮上法是利用不溶性的阳极和阴极，通入5～10V的直流电，直接将废水电解。阳极和阴极分别产生氢气和氧气，形成大量的微小气泡，将废水中的悬浮颗粒或先经混凝处理所形成的絮凝体黏附而上浮至水面，产生泡沫层，然后用刮渣机将泡沫刮除，从而达到固液分离的目的。该方法主要用于中小规模的工业废水处理。电解气浮池，见图3-24。

2. 分散空气气浮法

分散空气气浮法根据产生气泡的方法不同又可以分为微气泡曝气气浮法和叶轮气浮法两种。下面分别来阐述这两种气浮法的定义。

（1）微气泡曝气气浮法

该方法主要是将压缩空气引入到靠近气浮池底部的微孔扩散板，并通过微孔扩散板将空气分散成细小的气泡，气泡附着在悬浮颗粒上，达到气浮的效果。扩散板微孔曝气气浮法，见图3-25。

（2）叶轮气浮法

图 3-25　扩散板微孔曝气气浮法

叶轮气浮法是指将空气引入到一个高速旋转的混合器或者叶轮机附近，通过高速旋转混合器或者叶轮机的高速剪切力，将引入的空气切割成很多细小的气泡，从而实现气浮的过程。具体的叶轮气浮装置见图3-26。

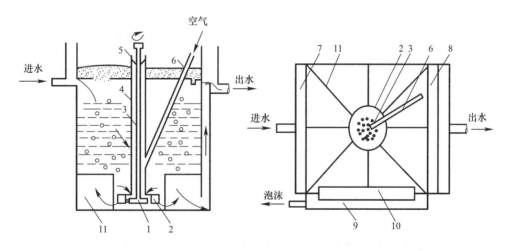

图 3-26　叶轮气浮结构示意图

1—叶轮；2—盖板；3—转轴；4—轴套；5—轴承；6—进气管；
7—进水槽；8—出水槽；9—泡沫槽；10—刮沫板；11—整流板

3. 溶解空气浮上法

溶解空气浮上法是在降压的条件下，使空气过饱和水中的空气以微细气泡的形式释放出来，悬浮物粘附在气泡上，通过气泡的上浮，达到固液分离的目的。

溶解空气浮上法根据产生气泡的方法不同可以分为溶气真空浮上法和加压溶气浮上法两种。

（1）溶气真空浮上法

物料在常压下被曝气，使其充分溶气。然后在真空的条件下，压力骤然降低，从而使物料中的溶气析出，形成大量细微的气泡，气泡粘附在颗粒杂质上，使其浮于水面，从而形成泡沫浮渣，再用刮渣机将其除去，最终达到固液分离的目的。真空气浮系统的结构见图3-27。

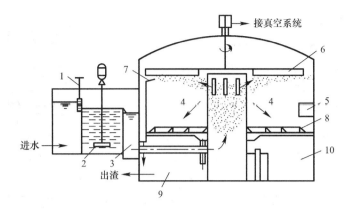

图 3-27　溶气真空气浮设备结构图

1—流量调节器；2—曝气器；3—脱气井；4—分离区；5—环形出水槽；

6—刮渣板；7—集渣槽；8—池底刮泥板；9—出渣室；10—操作室（包括抽真空设备）

（2）加压溶气浮上法

物料在加压的条件下被曝气，使其充分溶气。然后在常压的条件下，压力骤然降低，从而使物料中的溶气析出，形成大量细微的气泡，气泡粘附在颗粒杂质上，使其浮于水面，从而形成泡沫浮渣，再用刮渣机将其除去，最终达到固液分离的目的。其结构见图 3-28。

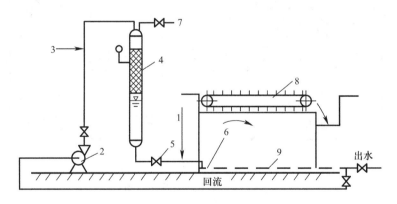

图 3-28　加压溶气气浮结构示意图

1—原水进入；2—加压泵；3—空气加入；4—压力溶气罐（含填料层）；

5—减压阀；6—气浮池；7—放气阀；8—刮渣机；9—集水管及回流清水管

不同的气浮方法的优缺点如表 3-3 所示。从表中可以看出，加压溶气气浮法产生的气泡多而均匀，而且粒径小，是目前应用最广泛的一种气浮方法。

各种气浮方法的优缺点比较　　　　　　　　　　　　　　　　　　　　表 3-3

类型	优点	缺点
电解气浮法	1. 气泡小于其他方法产生的气泡，特别适用于脆弱絮状悬浮物； 2. 对水负荷变化有较强的适应性； 3. 生成的污泥量少、占地少； 4. 不产生噪声	1. 耗电量大，投资成本高； 2. 操作运行管理较复杂，操作不方便； 3. 电极板容易结垢，使用寿命短

类型		优点	缺点
分散空气气浮法	微气泡曝气气浮法	设备简单、易行	扩散板上的孔容易堵塞，导致气泡量少而不均匀，气浮效果不是很好
	叶轮气浮法	设备简单、易行	1. 形成的气泡尺度较大（$d>1$mm）； 2. 气泡上升速度快，比表面积小，与悬浮物的接触时间较短，气浮效果不好
溶解空气气浮法	溶气真空气浮法	无压力设备，节省动力消耗和动力设备	1. 常压下，空气溶解度低，气泡的数量有限； 2. 需要密闭设备维持真空，运行维护比较困难； 3. 所有设备在密封的气浮池内，使气浮池构造复杂，运行管理、维护不便
	加压溶气气浮法	1. 加压条件下，水中空气的溶解度大，能提供足够的微气泡； 2. 气泡粒径小，均匀	需要溶气罐、空压机或射流器、水泵等设备

任务 3.3　沉淀设备的运行与管理

一、沉淀工艺的运行

沉淀池运行管理的基本要求是保证各项设备完好，及时调控各项运行控制参数，保证出水水质达到规定的指标。应着重做好以下几方面工作。

（一）避免短流

进入沉淀池的水流，在池中停留的时间通常并不相同，一部分水的停留时间小于设计停留时间，很快流出池外；另一部分则停留时间大于设计停留时间，这种停留时间不相同的现象叫短流。短流使一部分水的停留时间缩短，得不到充分沉淀，降低了沉淀效率；另一部分水的停留时间可能很长，甚至出现水流基本停滞不动的死水区，减少了沉淀池的有效容积。

形成短流现象的原因很多，如进入沉淀池的流速过高；出水堰的单位堰长流量过大；沉淀池进水区和出水区距离过近；沉淀池水面受大风影响；池水受到阳光照射引起水温的变化；进水和池内水的密度差；以及沉淀池内存在的柱子、导流壁和刮泥设施等，均可形成短流现象。

（二）加混凝剂

当沉淀池用于混凝工艺的固液分离时，正确投加混凝剂是沉淀池运行管理的关键之一。要做到正确投加混凝剂，必须掌握进水质和水量的变化。根据原水的浊度、pH 值、水温、碱度的变化及时调整投药量。特别要防止断药事故的发生，即使短时间停止加药也会导致出水水质恶化。

（三）及时排泥

及时排泥是沉淀池运行管理中极为重要的工作。如不及时排泥，就会产生厌氧发酵，致使污泥上浮，不仅破坏了沉淀池的正常工作，而且使出水水质恶化。当排泥不彻底时应停池（放空）采用人工冲洗的方法清泥。机械排泥的沉淀池要加强排泥设备的维护管理，一旦机械排泥设备发生故障，应及时修理，以避免池底积泥过度，影响出水水质。

（四）防止藻类

在给水处理中的沉淀池，当原水藻类含量较高时，会导致藻类在池中滋生，尤其是在气温较高的地区，沉淀池中加装斜管时，这种现象可能更为突出。藻类滋生虽不会严重影响沉淀池的运转，但对出水的水质不利。防止措施是：在原水中加氯，以抑止藻类生长。采用三氯化铁混凝剂亦对藻类有抑制作用。

二、沉淀设施的维护和保养

（一）平流式沉淀池维护

平流式沉淀池（机械排泥）维护，应符合下列规定：

1. 日常保养项目、内容

应符合下列规定：

（1）每日检查进、出水阀门，排泥阀，排泥机械运行状况，并加注润滑油，进行相应保养；

（2）检查排泥机械电源，传动部件等的运行状况，并进行相应保养；

（3）疏通管道和清扫池面、走道垃圾等。

2. 定期维护项目、内容

应符合下列规定：

（1）无排泥车平流沉淀池，应人工清刷，每年不少于两次，有排泥车的，仍应每年安排人工清刷一次，包括絮凝池的清刷；

（2）排泥机械、电气，每月检查修理一次；

（3）排泥机械、阀门，每年解体修理或更换部件，每年排空一次，对混凝土池底、池壁，每年检查修补一次，金属部件每年油漆一次。

3. 大修理项目、内容

应符合下列规定：

沉淀池、排泥机械应3～5年进行修理或更换。

（二）斜管（板）沉淀池维护

斜管（板）沉淀池维护，应符合下列规定：

1. 日常保养项目、内容

应符合下列规定：

（1）每日检查进、出水阀门，排泥阀，排泥机械运行状况并进行保养，加注润滑油；

（2）检查机械、电气装置，并进行相应保养。

2. 定期维护项目、内容

应符合下列规定：

（1）每月对机械、电气检查修理一次，对斜管（板）冲洗清通一次；

（2）排泥机械、阀门，每年解体修理或更换部件，每年排空一次，检查斜管（板）、支托架、池底、池壁等，并进行维修、油漆等。

3. 大修理项目、内容、质量

应符合下列规定：

（1）斜管（板）沉淀池 3～5 年应进行修理，支承框架、斜管（板）局部更换；

（2）大修理施工允许偏差应符合表 3-4 规定。

沉淀池大修施工允许偏差（mm）　　　　　　　　　　　　　　表 3-4

序号	项目		允许偏差
1	泥斗斜面的平整度		±3
2	出水堰口高程	混凝土	±5
3		钢制	±2
4	轨道混凝土基础（高程）		±5
5	轨道正面、侧面的直顺度		$L/1500$ 且不大于 2
6	轨道轴线位置		<5
7	轨道高程		±2
8	轨道接头间缝宽		±0.5
9	轨基螺栓对轨道中心线距离		±2

注：L 为出水堰堰口长度

（三）澄清池维护

澄清池维护应符合下列规定：

1. 日常保养、定期维护和修理项目、内容，应符合相应规程的规定。

2. 大修理施工允许偏差应符合表 3-5 规定。

澄清池大修施工允许偏差（mm）　　　　　　　　　　　　　　表 3-5

序号	项目		允许偏差
1	集水槽堰口高程	钢筋混凝土	±5
2		钢制	±2
3	集水槽孔眼水平度		±2
4	稳流管、配水管的位置和高程		±10
5	进水管、集水槽堰口高度		±2
6	反应室、导流室和分流室隔墙高程		±5

三、沉淀设施的安全操作

沉淀池刮吸泥机安全操作规程如下：

（一）开机前的准备

1. 检查电气系统，严格执行电气操作规程，检查电流保护装置是否运行正常。

2. 检查减速机的油标位置，润滑情况是否正常，传动密封的严密性，有无漏油现象。

3. 检查整机的联接螺栓有无松动情况，如有松动应及时紧固。

4. 检查刮吸泥机运行轨道，不得有任何障碍物。

（二）开车

1. 合上主电源开关及控制回路开关，点动刮吸泥机。

2. 启动后，经常多看、多听、多查传动部件有无杂音，各种传动件有无卡住，局部磨损情况和紧固件有无松动。

3. 点动正常后，正式启动，巡回检查轨道上有无阻碍物，电流是否正常，吸泥泵是否出泥，若出现异常情况，立即停机查明原因，及时处理后才能开动。

4. 两组刮吸泥机应轮流运行，防止污泥从廊道溢流，并井启污泥泵，将污泥输送到储泥池。

（三）停车

1. 按下停车按钮，所有开关按到关的位置。

2. 记录运行时间及设备运行状况。

能力拓展训练

一、填空题

1. 沉淀的四种基本类型是（　　）、（　　）、（　　）、（　　）。

2. 完成沉淀过程的主要构筑物有（　　）、（　　）、（　　）。

3. 平流式沉淀池构造由（　　）、（　　）、（　　）、（　　）、（　　）组成。

4. 按照产生气泡的方法不同，气浮可以分为（　　）、（　　）、（　　）。

5. 澄清池中泥渣的主要作用是（　　）、（　　）、（　　）。

二、选择题

1. 沉淀池的形式按（　　）不同，可分为平流式、辐流式、竖流式 3 种形式。

A. 池的结构　　　　　B. 水流方向　　　　　C. 池的容积　　　　　D. 水流速度

2. 异向流斜管沉淀池的水流方向与泥的方向（　　）

A. 相同　　　　　　　　　　　　　　　　B. 相反

C. 垂直　　　　　　　　　　　　　　　　D. 可能相同、可能相反

三、简答题

1. 理想沉淀池的三个假定条件是什么？

2. 选用沉淀池时一般考虑的因素有哪些？

3. 沉淀池表面负荷和颗粒截留沉速有何区别？

4. 澄清池的基本原理和主要特点是什么？

5. 简述沉淀设施的维护和保养工作。

6. 简述沉淀池刮吸泥机安全操作规程。

7. 气浮的基本原理是什么？

项目4
过滤工艺的运行与管理

【项目概述】

本项目主要介绍过滤工艺的基本知识及其运行管理操作技能。

【学习目标】

通过本项目的学习，使学生能够复述过滤的机理、快滤池的构造和工作过程；解释滤层内杂质分布规律、过滤水头损失、滤层中的负水头、等速过滤、变速过滤；复述滤料的基本要求和常用滤料的种类、滤池反冲洗配水系统的分类和要求、常用滤池的类型、构造和适用条件；总结常用滤池进水量的调节和配水方法、滤池反冲洗的方式、反冲洗的条件和反冲洗废水的排除方法；说出过滤工艺出水的水质要求；总结过滤设施的维护保养方法、过滤设施的安全操作要求。

【学习支持】

沉淀、澄清工艺出水水质、生活饮用水水质标准、给水处理基本方法、常规水处理工艺。

任务 4.1　认知过滤基本理论

每当我们打开水龙头的水时，看到的是清清的水，而溪流或河里的水特别是下雨天的水却是浑浊的，知道这是为什么吗？

问题的提出

首先做一个观察实验：

用一量杯取河水水样，如图 4-1（a）所示，可以看出河水很浑。另外做一个试验装置，在熟料瓶中自下而上分别装入卵石、碎石和粗砂，然后装入滤料，如图 4-1（b）所示。

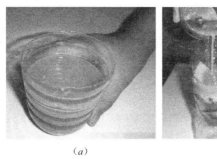

（a）   （b）

图 4-1　河水过滤实验

将量杯中的河水缓慢地导入过滤装置的滤料上方，观察河水下渗的过程。然后观察河水透过滤料、粗砂、碎石和卵石后滴入底部量杯中后水的颜色。

将量杯中的水样与过滤后滴入量杯中的水进行对比，可以清晰地看出：河水经过过滤变得比较清了。

为什么河水经过过滤后，原本浑浊的水可以变得清澈透明？

因为材料中的滤料、砂、炭粒、卵石都是用来过滤水的，但它们的分工是不一样的。滤料是用来隔离细砂、杂质的，炭粒可以吸附河水的颜色和气味，砂、卵石可以起到支撑滤料的作用，防止滤料自下部瓶底的空洞中流出。所以我们看到倒进过滤器的是深黄色的黄泥水，经过过滤后流出的是干净的水。

一、过滤的原理

通过以上的小实验，可以看出：水中的杂质能够被滤料和砂砾组成的过滤层截留。但这主要是机械筛滤（图 4-2）作用的结果（即：由于杂质的尺寸大于滤料间的孔隙）。

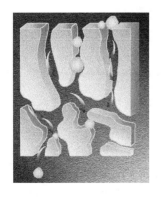

图 4-2　机械筛滤

但是自来水厂滤池的过滤机理却没有这么简单。以单层石英砂滤料为例，石英砂滤料粒径通常为 0.5～1.2mm，滤料层厚度一般为 700mm 左右。石英砂滤料新装入滤池后，经高速水流反洗，向上流动的水流使砂粒处于悬浮状态，从而使滤料粒径自上而下大致由按由细到粗的顺序排列，称为滤料的水力分级。这种水力分级作用，使滤层中孔隙尺寸也因此由上而下逐渐增大。设表层滤料粒径为 0.5mm，并假定以球体计，则表层细滤料颗粒之间的孔隙尺寸约为 80μm。而经过混凝沉淀后的悬浮物颗粒尺寸大部分小于 30μm，这些悬浮颗粒进入滤池后却仍然能被滤层截留下来，且在空隙尺寸大于 80μm 的滤层深处也会被截留。这个事实说明，过滤显然不是机械筛滤作用的结果。经过众多研究者的研究，认为过滤主要是悬浮颗粒与滤料颗粒之间粘附作用的结果。

悬浮颗粒与滤料之间粘附包括颗粒迁移和颗粒附着两个过程。过滤时，水在滤层空隙中曲折流动，被水流夹带的悬浮颗粒，依靠颗粒尺寸较大时产生的拦截作用、颗粒沉速较大时产生的沉淀作用、颗粒惯性较大时产生的惯性作用，脱离水流流线而向滤料颗粒表面靠近接触，此种过程称为颗粒迁移（图 4-3）。当水中悬浮颗粒迁移到滤料表面上时，则在范德华引力、静电力、某些化学键和某些特殊的化学吸附力、絮凝颗粒的架桥作用下，附着在滤料颗粒表面上，或者附着在滤料颗粒表面原先粘附的杂质颗粒上，此种过程称为颗粒附着。

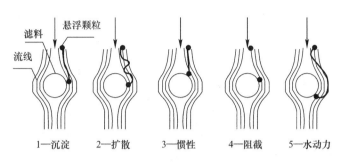

图 4-3　颗粒的迁移

事实证明，当水中的悬浮物颗粒未经脱稳时，其过滤效果很差。因此，过滤效果主要取决于滤料颗粒和水中悬浮颗粒的表面物理化学性质，而无需增大水中悬浮颗粒的尺寸。相反，若水中悬浮颗粒尺寸过大时，会形成机械筛滤而造成表层滤料很快堵塞。在过滤过程中，特别是过滤后期，当滤层中孔隙尺寸逐渐减小时，表层滤料的筛滤作用也不能完全排除，快滤池运行中应尽量避免这种现象出现。

二、滤层中杂质的分布规律及快滤池滤层的发展

1. 滤层中杂质的分布规律

过滤过程中，水中悬浮颗粒在与滤料颗粒粘附，同时还存在着因孔隙中水流剪力作用不断增大而导致颗粒从滤料表面上脱落趋势。在过滤的初期阶段，滤料层比较干净，孔隙率较大，孔隙流速较小，水流剪力也较小，因而粘附作用占优势。由于滤料在反洗以后形成粒径上小下大的自然排列，滤层中孔隙尺寸由上而下逐渐增大，所以，大量杂质将首先被表层的细滤料所截留。随着过滤时间的延长，滤层中杂质逐渐增多，孔隙率逐渐减小，表层的细滤料中的水流剪力亦随之增大，脱落作用占优，最后被粘附上的颗粒将首先脱落下来，或者被水流夹带的后续颗粒不再有粘附现象，于是，悬浮颗粒便向下层移动并被下层滤料截留，下层滤料的截留作用才逐渐得到发挥。但是下层滤料的截留作用还没有得到完全发挥时，过滤就被迫停止。从而造成整个滤层的截留悬浮固体能力未能发挥出来，使滤池工作周期大大缩短。过滤时，杂质在滤料层中的分布见图 4-4。

2. 快滤池滤层的发展

根据以上分析，为了提高滤层含污能力，应尽量使杂质在滤层中均匀分布。为此，

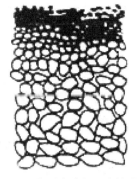

图4-4 杂质在滤料层中的分布

出现了"反粒度"过滤，即沿过滤水流方向滤料滤径逐渐由大到小。具有代表性的有双层滤料、三层滤料及均质滤料等，见图4-5。

双层滤料的组成：上层采用密度较小、粒径较大的轻质滤料，如无烟煤，下层采用密度较大、粒径较小的重质滤料如石英砂，见图4-5（a）。每层滤料滤径自上而下仍是由小到大，但对整个滤层来讲，上层滤料的平均粒径总是大于下层滤料的平均粒径，所以上层滤料层中的孔隙率大于下层滤料层中的孔隙率。实践证明，双层滤料含污能力较单层滤料约高一倍以上。因此，在相同滤速下，可增长过滤周期；在相同过滤周期下，可提高滤速。

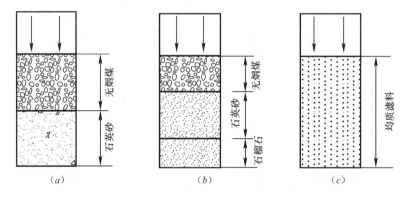

图4-5 几种滤料组成示意

（a）双层滤料；（b）三层滤料；（c）均质滤料

三层滤料的组成：上层采用小密度、大粒径的轻质滤料如无烟煤，中层采用中等密度、中等粒径的滤料如石英砂，下层采用小粒径、大密度的重质滤料如石榴石、磁铁矿等，见图4-5（b）。同理，这种滤料组合不仅可以提高滤层的含污能力。由于其下层重质滤料粒径很小，而且能够提高滤后水质。

均质滤料的组成：所谓"均质滤料"，是指沿整个滤层深度方向的任一横断面上，滤料组成和平均粒径均匀一致，见图4-5（c）。这种滤料整个滤层的空隙率大致相同，可以使水中的杂质在滤层中分布的更加均匀。

三、过滤的水头损失与过滤类型

1. 滤层水头损失

水流在穿过滤料层时，受到滤料层的阻力会产生水头损失。过滤刚开始时，滤层经过反洗比较干净，此时产生的过滤水头损失较小，称为"清洁滤层水头损失"或"起始水头损失"，以 h_0 表示。滤速为 $8\sim10m/h$ 时，单层砂滤池的起始水头损失约为 $30\sim40cm$。

2. 过滤类型

（1）等速过滤

过滤过程中，滤池过滤速度保持不变，亦即滤池流量保持不变的过滤方式，称"等速滤池"。在等速过滤状态下，滤层水头损失增加值与过滤时间一般呈直线关系。随着过滤水头损失逐渐增加，滤池内水位随之升高，当水位升高至最高允许水位时，过滤停止以待冲洗，故"等速过滤"又称为"变水头等速过滤"。虹吸滤池和无阀滤池即属于等速过滤的滤池。

（2）变速过滤

过滤过程中，由于滤层的孔隙率逐渐减小，必然使滤速也逐渐减小，滤池过滤速度随过滤时间的延续而逐渐减小的过滤方式称"变速过滤"或"减速过滤"。在变速过滤状态下，过滤水头损失始终保持不变，故"变速过滤"又称为"等水头变速过滤"。移动罩滤池即属于变速过滤的滤池，普通快滤池可以设计成变速过滤，也可设计成等速过滤。

四、快滤池的构造和工作过程

人类早期使用的滤池称为慢滤池。其主要是依靠滤层表面因藻类、原生动物和细菌等微生物生长而生成的滤膜去除水中的杂质。慢滤池能较为有效地去除水中的色度、嗅和味，但由于滤速太慢（滤速仅为 0.1～0.3m/h）、占地面积太大而被淘汰。快滤池就是针对这一缺点而发展起来的，其中以石英砂作为滤料的普通快滤池使用历史最久。在此基础上，为了增加滤层的含污能力以提高滤速和延长工作周期、减少滤池阀门以方便操作和实现自动化，人们从不同工艺角度进行了改进和革新，出现了其他形式的快滤池，大致分类如下：

1. **按滤料层的组成可分为**：单层石英砂滤料、双层滤料、三层滤料、均质滤料、新型轻质滤料滤池等；

2. **按阀门的设置可分为**：普通快滤池、双阀滤池、单阀滤池、无阀滤池、虹吸滤池、移动冲洗罩滤池等；

3. **按过滤的水流方向可分为**：下向流、上向流、双向流滤池等；

4. **按工作的方式可分为**：重力式滤池、压力式滤池；

5. **按滤池的冲洗方式可分为**：高速水流反向冲洗池，气、水反向冲洗滤池，表面助冲加高速水流反冲洗滤池。

滤池形式各异，但过滤原理基本一样，基本工作过程也相同，即过滤和冲洗交替进行。以普通快滤池为例，简要介绍快滤池的基本构造和工作过程。

普通快滤池又称四阀滤池，其构造见图 4-6。小型水厂滤池的格数较小（图 4-6），采用的是单行排列的布置形式；而大中型水厂由于滤池的格数较多，则宜采用双行对称排列，两排滤池中间布置管渠和阀门，称为管廊。普通快滤池本身包括浑水渠（进水渠）、冲洗排水槽、滤料层、承托层和配水系统五个部分。管廊内主要是进水、清水、冲洗水、冲洗排水（或废水渠）等五种管渠及其相应的控制阀门。

过滤时，关闭冲洗水支管上的阀门与排水阀，开启进水支管与清水支管上的阀门，原本经进水总管、进水支管由浑水渠流入冲洗排水槽后从槽的两侧溢流进入滤池，经过滤料层、承托层后，由底部配水系统的配水支管汇集，再经配水系统干管、清水支管、进入清水总管流往清水池。原水流流经滤料层时，水中杂质被截留在滤料层中。随着过滤的进行，滤料层中截留的杂质越来越多，滤料颗粒间孔隙逐渐减少，滤料层中的水头损失也相应增加。当滤层中水头损失增加到设计允许值（一般小于 2.0～2.5m）以致滤池水量减少，或水头损失不大但滤后水质不符合要求时，滤池须停止过滤进行反冲洗，从过滤开始到过滤结束所经历的过程称为过滤周期。

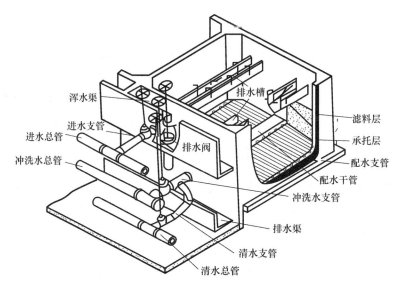

图 4-6　普通快滤池剖视图

反冲洗时，关闭进水支管与清水支管上的阀门，开启排水阀与冲洗水支管上的阀门，冲水时（即滤水后）由冲洗水总管、冲洗水支管、经底部配水系统的配水干管、配水支管及支管上均匀分布在整个滤池平面上，自下而上穿过承托层以及滤料层。滤层中截留的杂质在水流的剪力和滤料颗粒间的碰撞摩擦作用下从滤料颗粒表面剥离下来，随反冲洗废水进入排水槽，再汇入浑水渠，最后经排水管和废水渠排入下水道或回收水池。冲洗一直进行到滤料基本洗干净为止。冲洗结束后，即可关闭冲洗支管上的阀门与排水阀，开启进水支管与清水支管上的阀门，过滤重新开始。

从过滤开始到冲洗结束所经历的时间称为快滤池工作周期。工作周期的长短涉及滤池的实际工作时间和反冲洗耗水量。工作周期过短，滤池日产水量减少。快滤池工作周期一般为 12～24h。

任务 4.2　认识滤池的滤料及承托层

一、滤料

1. 滤料的要求

在水处理中，过滤时利用具有一定孔隙率的滤料层截留水中悬浮杂质的。给水处理中所用的滤料，必须符合以下有求：

（1）具有足够的机械强度，以免在冲洗过程中滤料出现磨损和破碎现象；

（2）具有足够的化学稳定性，以免滤料与水产生化学反应而恶化水质，尤其不能含有对人体健康和生产有害的物质；

（3）具有合适的粒径，良好的级配和适当的孔隙率；

（4）货源充足，价格低廉，应尽量就地取材。

迄今为止，生产中使用最为广泛的滤料仍然是石英砂。此外，随着双层和多层滤料的出现，常用的滤料还有无烟煤、磁铁矿、金刚砂、石榴石、钛铁矿、天然锰砂等。另外，还有聚苯乙烯及陶粒等轻质滤料，以及彗星式（自适应）纤维滤料，见图4-7。

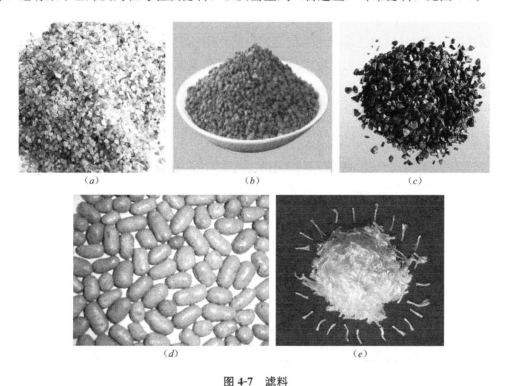

图 4-7　滤料

（a）石英砂；（b）磁铁矿；（c）无烟煤；（d）陶粒；（e）彗星式（自适应）纤维滤料

2. 滤料粒径级配

滤料颗粒都具有不规则的形状，其粒径是指正好可以通过某一筛孔的孔径，滤料粒级配是指滤料中各种粒径颗粒所占的重量比例。

生产中，滤料的粒径级配通常以最大粒径 d_{max}，最小粒径 d_{min} 和不均匀系数 K_{80} 来表示。这也是我国《室外给水设计规范》GB 50013—2006 中所采用的滤料粒径级配法。

滤料不均匀系数 $K_{80} = d_{80}/d_{10}$，其中，d_{10} 又称为有效粒径，它的含义是能够使滤料的10%通过的筛孔的孔径。d_{80} 的含义是能够使滤料的80%通过的筛孔的孔径。由此可见：K_{80} 的大小反映了滤料颗粒粗细不均匀程度，K_{80} 越大，则粗细颗粒的尺寸相差越大，颗粒越不均匀，对滤料的反冲洗都会产生非常不利的影响。因为 K_{80} 较大时，滤料的孔隙率小、含污能力低，从而导致过滤时滤池工作周期缩短；反冲洗时，若满足细颗粒膨胀要求，粗颗粒将得不到很好清洗，反之，若满足粗颗粒膨胀要求，细颗粒可能被冲出滤池。K_{80} 越接近于1，滤料越均匀，过滤和反冲洗效果愈好，但滤料价格很高。为了保证过滤和反冲洗效果，通常要求单层细砂滤料、双层滤料的 $K_{80} < 2.0$，三层滤料的无烟煤

$K_{80}<1.7$、石英砂 $K_{80}<1.5$、重质矿石 $K_{80}<1.7$，均质级配粗滤料 $K_{80}<1.4$。

滤料粒径级配除采用最粒径、最小粒径和不均匀系数表示以外，还可采用有效粒径 d_{10} 和不均与系数 K_{80} 来表示。

另外，在生产中也有用 K_{60}（$K_{60}=d_{60}/d_{10}$）代替 K_{80} 来表示滤料不均匀系数，d_{60} 的含义与 d_{10} 或 d_{80} 相同。

二、承托层

承托层设于滤料层和底部配水系统之间。其作用：一是支承滤料，防止过滤时滤料通过配水系统的孔眼流失，为此要求反冲洗时承托层不能发生移动；二是反冲水时均匀朝向滤料层分配反冲洗水，滤池的承托层一般由一定级配天然卵石或砾石组成，铺装承托层时应严格控制好高程，分层清楚，厚薄均匀，且在铺装前应将黏土及其他杂质清除干净，采用大阻力配水系统时，单层或双层滤料池的承托层粒径和厚度见表4-1。

单层或双层滤料池承托层粒径和厚度　　表4-1

层次（自上而下）	粒径（mm）	厚度（mm）	层次（自上而下）	粒径（mm）	厚度（mm）
1	2～4	100	3	8～16	100
2	4～8	100	4	16～32	本层层面高度至少应高出配水系统孔眼100

对于三层滤料滤池，考虑到下层滤料粒径小、重度大，承托层上层应采用重质矿石，以免反冲洗时承托层移动。三层滤料滤池的承托层材料、粒径和厚度见表4-2。

三层滤料滤池承托层材料、粒径和厚度　　表4-2

层次（自上而下）	材料	粒径（mm）	厚度（mm）
1	重质矿石（如石榴石、硫铁矿等）	0.5～1.0	50
2	重质矿石（如石榴石、硫铁矿等）	1～2	50
3	重质矿石（如石榴石、硫铁矿等）	2～4	50
4	重质矿石（如石榴石、硫铁矿等）	4～8	50
5	砾石	8～16	100
6	砾石	16～32	本层层面高度至少应高出配水系统孔眼100

注：配水系统如用滤砖且孔径为4mm时，第六层可不设。如果采用中、小阻力配水系统，承托层可以不设，或者适当铺设一些粗砂粒或细砾石，视配水系统具体情况而定。

任务4.3　熟悉滤池的冲洗方式及冲洗系统

一、滤池的冲洗方式

如果过滤一段时间后，当水头损失增加到设计允许值或过滤后水质不符合要求时，滤池需停止过滤并进行反冲洗，反冲洗的目的是清除截留在滤料层中的杂质，使滤池在短时间内恢复过滤能力。

快滤池的反冲洗方法有三种：高速水流反冲洗；气、水反冲洗；表面辅助冲洗加高速水流反冲洗。

高速水流反冲洗是当前我国广泛采用的一种冲洗方法，其操作简便，滤池结构和设备简单，本节作重点介绍。

（一）高速水流反冲洗

高速水流反冲洗是利用高速水流反向通过滤料层时，产生的水流剪力和流态化滤层造成滤料颗粒间碰撞摩擦的双重作用，把截留在滤料层中的杂质从滤料表面剥落下来，然后被冲洗水带出滤池，为了保证反冲洗达到良好的效果，要求必须有一定的冲洗强度、适宜的滤层膨胀度和足够的冲洗时间，称之为冲洗三要素。生产中，冲洗强度、滤层膨胀度和冲洗时间应根据滤料层的类别来确定，见表 4-3。

冲洗强度、膨胀度和冲洗时间　　　　　　　　　　表 4-3

序号	滤层	冲洗强度（L/s·m²）	膨胀度（%）	冲洗时间（min）
1	石英砂滤料	12～15	45	7～8
2	双层滤料	15～16	50	8～9
3	三层滤料	16～17	55	7～8

注：1. 设计水温按 20℃计，水温每增减一度冲洗强度相应增减 1%。
　　2. 由于全年水温，水质有变化，应考虑有适当的冲洗强度的可能。
　　3. 选择冲洗强度应考虑所用混凝土品种。
　　4. 仅作设计计算用。

1. 滤层膨胀度

滤层膨胀度是指反冲洗时滤层膨胀后所增加的厚度与滤层膨胀前的厚度之比，用 e 表示：

$$e = \frac{L - L_0}{L_0} \times 100\% \tag{4-1}$$

式中　L_0——滤层膨胀前的厚度，cm；

　　　L——滤层膨胀后的厚度，cm。

2. 反冲洗强度

反冲洗强度是指单位面积滤层上所通过的冲洗流量，以 L/(s·m²) 计。也可换算成反冲洗流速，以 cm/s 计，1cm/s=10L/(s·m²)。

冲洗效果决定于反冲洗强度（即冲洗流速）。反冲洗强度过小时，滤层膨胀度不够，滤层空隙中水流剪力小，截留在滤层中的杂质难以被剥落掉，滤层冲洗不干净，反冲洗强度过大时，滤层膨胀度过大，由于滤料颗粒过于离散，滤层空隙中束流剪力降低，滤料颗粒间相互碰撞摩擦的几率减小。滤层冲洗效果差，严重时还会造成滤料流失，故反冲洗强度过大过小，冲洗效果均会降低。

生产中，反冲洗强度的确定还应考虑水温的影响，夏季水温高，水的黏度小，所需反冲洗强度较大，冬季水温低，水的黏度大，所需反冲洗强度较小，一般水温每增减 1℃，反冲洗强度相应增减 1%。

3. 冲洗时间

冲洗时间长短也影响到滤池的冲洗效果，当冲洗强度和膨胀度都满足要求但反冲洗时间不足时，滤料颗粒表面的杂质因碰撞摩擦时间不够而不能得到充分清除，同样冲洗废水也因排除不彻底而导致污物重返滤层，覆盖在滤层表面而形成"泥膜"或进入内层形成"泥球"。因此足够的清洗时间也是保证冲洗效果的关键。冲洗时间可根据情况选用，也可以根据冲洗废水的允许浊度决定。

对于非均匀滤料，在一定冲洗强度下粒径小的滤料膨胀度大，粒径大的滤料膨胀度小，因此，要同时兼顾粗、细滤料膨胀度要求是不可能的。理想的膨胀率应该是截留膨胀较多的上层滤料恰好完全膨胀起来而下层的最大颗粒滤料刚刚开始膨胀，才能获得较好的冲洗效果。因此，设计或操作中，可以最粗滤料刚开始膨胀作为确定冲洗强度的依据，如果因此而导致上层洗滤料膨胀过大甚至引起滤料流失，滤料级配应加以调整。

（二）气、水反冲洗

高速的水流冲洗虽然操作方便，池子和设备较简单，但冲洗耗水量大，水力分级观察明显，而且，未被反冲洗水流带走的大块絮体沉积于滤层表面后，极易形成"泥膜"，阻碍滤池正常过滤，因此，为了改善反冲洗效果，需要采取一些辅助冲洗措施，如气、水反冲洗等。

气、水反冲洗的原理：利用空气压缩进入滤池后，上升为空气气泡产生的振动和冲洗作用，将附着于滤料表面杂质清除下来并使之悬浮于水中，然后再用水反冲把杂质排出池外，空气由鼓风机或者空气压缩机可储气罐组成的供气系统供给，冲洗水由冲洗水泵或冲洗水箱供应，配气、配水系统多采用长柄滤头。气、水反冲操作方式有以下几种：

（1）先进入压缩空气擦洗，再进入水反冲。

（2）先进入气-水同时反冲，再进入水反冲。

（3）先进入空气压缩空气擦洗，再进入气-水同时反冲，最后进入水反冲。

确定冲洗程序、程序时间和冲洗强度时，应考虑滤池构造、滤料种类、密度、粒径级配及水质水温等因素。目前，我国还没有气、水反冲控制参数和要求统一规定，生产中，多根据经验选用。

采用气、水反冲洗有以下优点：空气泡的擦洗能有效地使滤料表面的污物破碎、脱落，故冲洗效果好，节省冲洗水量，冲洗时滤层不膨胀或微膨胀。不产生或不明显产生水力分级现象，从而提高滤层含污能力。但气、水反冲洗需要加气设备（空气压缩机或鼓风机和储气罐），池子结构及冲洗操作也比较复杂。国外采用气、水反冲洗比较普遍，我国近年来气、水反冲洗也日益增多。

二、配水系统

配水系统位于滤池底部，其作用：一是反冲洗时，使反冲洗在整个滤池平面上均匀分布，二是过滤时，能均匀的收集滤后水。配水均匀性对反冲洗效果至关重要，若配水不均匀，水量小处，反冲洗强度低，滤层膨胀不足，滤料得不到足够的清洗，水量大处，因滤层膨胀过甚，造成滤料流失，反冲流速很大时，还会使局部承托层发生移动，过滤时造成漏砂现象。

根据配水系统反冲洗时产生的阻力大小，配水系统可分为大阻力、中阻力和小阻力三种配水系统。

1. 大阻力配水系统

常用的大阻力配水系统是"穿孔管大阻力配水系统"，见图 4-8，它是由居中的配水干管（或渠）和干管两侧接出的若干根间距相等且彼此平行的支管构成，在支管下部开有两根与管中心铅垂线成 45°角且交错排列的配水孔。反冲洗时，水流从干管起端进入后流入个支管，由个支管孔口流出，再经承托层自下而上对滤料进行冲洗，最后流入冲水槽。

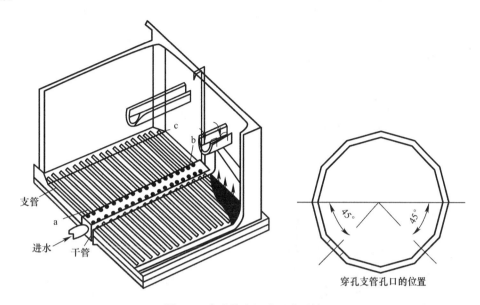

图 4-8　穿孔管大阻力配水系统

图 4-8 所示的大阻力配水系统中，a 孔和 c 孔分别是距进口最近和最远的两孔，因此也是孔口内压力水头相差最大的两孔，在配水系统中，如果 a 孔和 c 孔的出流量近似相等，则其与个孔口的出流量更相近，即可认为在整个滤池平面上的冲洗水是均匀分布的。

那么如何能够使得 a 孔和 c 孔的出流量近似相等呢？根据理论分析推导出 a 孔和 c 孔的流量关系如式（4-2）所示。

$$Q_c = \sqrt{\frac{S_1 + S_2'}{S_1 + S_2''}Q_a^2 + \frac{1}{S_1 + S_2''} \cdot \frac{v_1^2 + v_2^2}{2g}} \qquad (4\text{-}2)$$

式中　Q_a——a 孔的出流量；

　　　Q_c——c 孔的出流量；

　　　S_1——孔口阻力系数，若孔口尺寸和加工精度相同时，其阻力系数均相同；

S_2'、S_2''——分别为 a 孔和 c 孔处承托层及滤料层阻力系数之和；

　　　v_1——干管起端流速，m/s；

　　　v_2——支管起端流速，m/s。

分析式（4-2）可知，两孔出流量不可能相等。但如果减小孔口面积以增大孔口阻力系数，就可以削弱承托层和滤料层阻力系数 S_2'、S_2'' 及配水系统压力不均匀的影响，从而使 Q_a 接近 Q_c，实现配水均匀，这就是大阻力配水系统的基本原理。

大阻力配水系统的优点是配水均匀性比较好，但系统结构较复杂，检修困难，而且水头损失很大，通常在 3.0m 以上，冲洗时需要专业设备（如冲洗水泵），动力耗能多，故不常用于但冲洗水头有限的虹吸滤池和无阀滤池。此时，应采用中、小阻力配水系统。

2. 中、小阻力配水系统

由式（4-2）可知，如果将干管起端流速 v_1 和支管起端流速 v_2 减小至一定程度，配水系统压力不均匀的影响就会大大削弱，此时即使不增大孔口阻力系数 S_1，同样可以实现均匀配水，这就是小阻力配水系统的基本原理。

生产中，小阻力配水系统不再采用穿孔管系统而通常采用较大的底部配水空间，其上铺设钢筋混凝土滤板，见图 4-9（a）、（b）。由于水流进口断面积大、流速较小。底部配水室内压力趋于均匀，从而达到均匀配水的目的。

3. 气水反冲洗配水布气系统

滤池采用气、水反冲洗时，还可以采用长柄滤头、三角形配水（气）滤砖或穿孔管配水布气系统，其中长柄滤头使用最多，见图 4-9（c）。

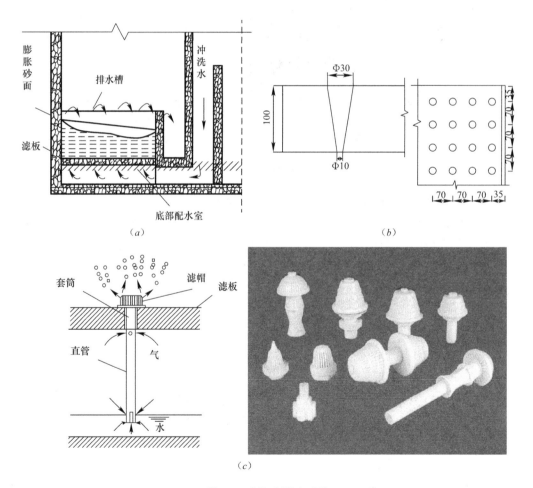

图 4-9　小阻力配水系统

小阻力配水系统的配水均匀取决于开孔比的大小，开孔比越大，则孔口阻力越小。配水均匀性越差，小阻力配水系统的开孔比通常都大于 1.0%，水头损失一般小于 0.5m，由于其配水均匀性较大配水系统差，故使用有一定局限性，一般多用于单格面积不大于 $20m^2$ 的无阀滤池、虹吸滤池等。

由于孔口阻力与孔口总面积或开孔比成反比，故开孔比越大，孔口阻力越小，大阻力配水系统如果增大开孔比到 $0.60\%\sim0.80\%$，就可以减小孔眼中的流速，从而减少配水系统的阻力。所谓的"中阻力配水系统"，就是指其开孔比介于大、小阻力配水系统之间，水头损失一般为 $0.5\sim3.0m$。中阻力配水系统的配水均匀性优于小阻力配水系统，常见的中阻力配水系统有穿孔滤砖等，见图 4-10。

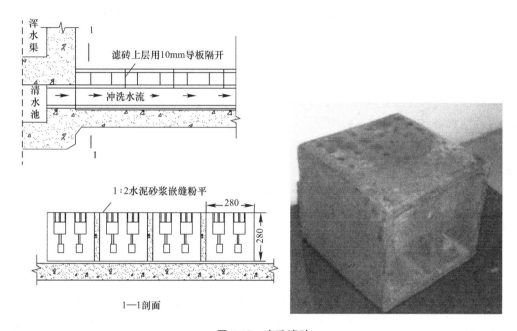

图 4-10　穿孔滤砖

三、反冲洗水供给、供气系统及冲洗废水的排除

普通的滤池反冲洗水供给方式有两种：冲洗水泵和冲洗水塔（箱）。水泵冲洗建设费用低，冲洗过程中冲洗水头变化比较小，但由于冲洗水泵是间歇工作且设备功率大，在冲洗的短时间内耗电量大，使电网负荷极不均匀；水塔（箱）冲洗操作简单，补充冲洗水的水泵较小，并允许在较长的时间内完成，耗电量较均匀，但水塔造价较高。若有地形可利用时，采用水塔（箱）冲洗比较好。

（一）反冲供水、供气

1. 冲洗水塔（箱）

水塔（箱）冲洗见图 4-11，为避免冲洗过程中冲洗水头相差太大，水塔（箱）内水深不宜超过 3m。水塔（箱）容积按单格滤池所需冲洗水量的 1.5 倍计算。

2. 水泵冲洗

水泵冲洗见图 4-12，冲洗水泵考虑备用，可单独设置冲洗泵房，也可以设于二级泵站内，水泵流量按冲洗强度和滤池面积计算。

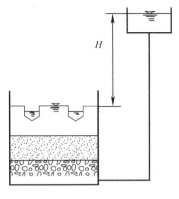

图4-11 水塔冲洗

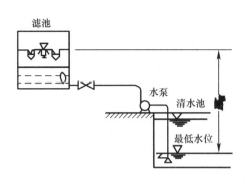

图4-12 水泵冲洗

快滤池冲洗水的供给除采用上述冲洗水泵和冲洗水塔（箱）两种方式外，虹吸滤池、移动罩滤池、无阀滤池等则是利用同组其他格滤池的出水及其水头进行反冲洗，或在顶部设置冲洗水塔（箱）或冲洗水泵。

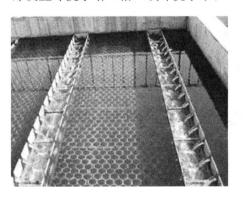

图4-13 反冲洗排水槽

3. 供气

气水反冲洗滤池供气系统分为鼓风机直接供气和空压机串联储气罐供气。鼓风机直接供气方式操作方便，使用最多。

（二）冲洗废水的排除

1. 反冲洗排水槽

滤池冲洗废水的排除设施包括反冲洗排水槽和废水渠。反冲洗时，冲洗废水先经滤池反冲洗排水槽再汇集到废水渠后排入下水道（或回收水池），见图4-13。

2. 排水渠

见图4-6，排水渠为矩形断面，沿滤池壁一侧布置。当滤池面积很小，能使排水均匀，废水渠也可以布置在滤池中间。

任务4.4 熟悉常用的滤池

一、虹吸滤池

虹吸滤池是由6~8格单元滤池所组成的一个过滤整体，成为"一组（座）"滤池，其构造见图4-14（a）所示。由于每格单元滤池的底部配水空间通过清水渠相互连通，故单元滤池之间存在着一种连锁的运行关系。

一组（座）虹吸滤池的平面形状多为矩形，呈双排布置，两排中间为清水渠，在清水渠的一端设有清水出水堰以控制清水渠内水位。每格单元滤池都设有排水虹吸管和进水虹吸管分别用来代替排水阀门和进水阀门，依靠这两个虹吸可控制虹吸滤池的过滤和反冲洗。排水虹吸管和进水虹吸管的虹吸形成与破坏均借助真空系统的作用。

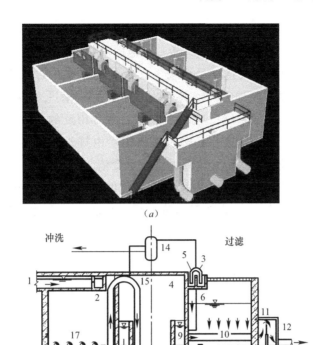

（a）

（b）

图 4-14　虹吸滤池

1—总进水槽；2—环形配水槽；3—进水虹吸管；4—进水槽；5—进水堰；6—布水管；7—滤层；

8—配水系统；9—集水槽；10—出水管；11—出水井；12—出水堰；13—清水管；

14—真空罐；15—冲洗虹吸管；16—冲洗排水管；17—冲洗排水槽

过滤过程：

图 4-14（b）的右侧为虹吸滤池的过滤过程，待滤水由进水总管经进水虹吸管流入单元滤池进水槽，再经溢流堰流入布水管后进入滤池。溢流堰起调节进水槽中水位的作用，进入滤池的水自上而下通过滤层进行过滤，水经滤层、小阻力配水系统、进入集水槽，再由出水管流入出水井，最后经过出水堰、清水管进入清水池。

在过滤过程中，随着滤料层中藏留悬浮杂质的不断增加，过滤水头损失不断增大，由于清水出水堰上的水位不变，因此滤池内水位不断地上升。当某一格单元滤池的水位上升到最高设计水位（或滤后水浊度不符合要求）时，该格单元滤池便需停止过滤，进行反冲洗。此时，滤池内最高水位与清水出水堰堰顶高差，即为最大过滤水头（H_8），亦即终期允许水头损失值，一般采用 1.5～2.0m。

反冲洗过程：

图 4-14（b）的左侧为虹吸滤池的反冲洗过程，反冲洗时，应先破坏该格单元滤池的进水虹吸使该格单元滤池停止进水，但过滤仍在进行，故滤池水位逐渐下降。当滤池内水位下降速度显著变慢时，利用真空系统抽出冲洗虹吸管中的空气使之形成虹吸。滤池

内剩余待滤水被排水虹吸管迅速排入滤池底部排水渠，滤池内水位迅速下降。待池内水位低于出水井中的水位时，反冲洗正式开始，滤池内水位继续下降。当滤池内水面降至冲洗排水槽顶端时，反冲洗水头达到最大值。在反冲洗水头的作用下，其他5（或7）格单元滤池的滤后水源源不断地从出水井经出水管、集水槽进入该格单元滤池的底部配水空间，清水经小阻力配水系统、滤层沿着与过滤时相反的方向自下而上通过滤料层，对滤料层进行反冲洗。冲洗废水经排水槽收集后由排水虹吸管排入滤池底部排水渠，经排水水封井溢流进入下水道。待反冲洗废水变清（废水浊度20°左右）后，破坏冲洗虹吸管的真空，冲洗停止。然后再用真空系统使进水虹吸管恢复工作，过滤重新开始。运行中，6（或8）格单元滤池将轮流进行反冲洗，应避免2格以上单元滤池同时冲洗。

反冲洗时，清水出入堰堰顶与反冲洗排水槽顶高差，即为最大冲洗水头（H_7），冲洗水头一般采用1.0～1.2m。由于冲洗水头的限制，虹吸滤池只能采用小阻力配水系统。冲洗强度和冲洗历时与普通快滤池相同。

为了适应滤前水水质的变化和调节冲洗水头，通常在清水渠出水堰上设置可调节堰板，以便根据运转的实际情况进行调节。

二、重力式无阀滤池

重力式无阀滤池的构造见图4-15（a）。过滤时，待滤水经进水分配槽，由U形进水管进入虹吸上升管，再经伞形顶盖下面的配水挡板整流和消能后，均匀地分布在滤料层的上部，水流自上而下通过滤层、承托层、小阻力配水系统进入底部集水空间。然后清水从底部集水空间经连通渠（管）上升到冲洗水箱，冲洗水箱水位开始逐渐上升，当水箱水位上升到出水渠的溢流堰顶后，溢流入渠内，最后经滤池出水管进入清水池。冲洗水箱内贮存的滤后水即为无阀滤池的冲洗水。

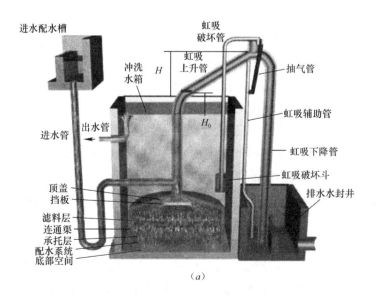

（a）

图4-15　无阀滤池（一）

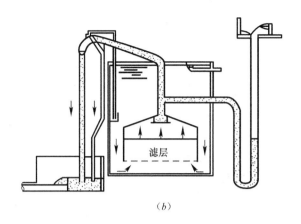

（b）

图 4-15　无阀滤池（二）

过滤开始时，虹吸上升管内水位与冲洗水箱中水位的高差 H_0 称为过滤起始水头损失，见图 4-15 （a），一般为 0.2m 左右。在过滤的过程中，随着滤料层内截留杂质量的逐渐增多，过滤水头损失也逐渐增加，从而使虹吸上升管内的水位逐渐升高。见图 4-15，当水位上升到虹吸辅助管的管口时（这是的虹吸上升管内水位与冲洗水箱中水位的高差 H 称为终期允许水头损失，一般采用 1.5～2.0m），水便从虹吸辅助管中不断向下流入水封井内，依靠下降水流在抽气管中形成的负压和水流的夹气作用，抽气管不断将虹吸管中空气抽出，使虹吸管中真空度逐渐增大。其结果是虹吸上升管中水位和虹吸下降管中水位都同时上升，当上升管中的水越过虹吸管顶端下落时，下落水流与下降管中上升水柱汇成一股冲出管口，把管中残留空气全部带走，形成虹吸。此时，由于伞形盖内压力骤降，从而使冲洗水箱内的清水沿着与过滤时相反的方向自下而上通过滤层，对滤料层进行反冲洗。冲洗后的废水经虹吸管进入排水水封井排出。

反冲洗的水流方向见图 4-15 （b），在冲洗过程中，冲洗水箱内水位逐渐下降。当水位下降到虹吸破坏斗缘口以下时，虹吸管在排水同时，通过虹吸破坏管抽虹吸破坏斗中的水，直至将水洗完，使管口与大气相通，空气由虹吸管进入虹吸管，虹吸即被破坏，冲洗结束，后来自动重新开始。

在正常情况下，无阀滤池冲洗是自动进行的。但是，当滤层水头损失还未达到最大允许值而因某种原因（如周期过长、出水水质恶化等）需要提前冲洗时，可进行人工强制冲洗。强制冲洗设备实在虹吸辅助管与抽气管相连接的三通上部，接一根压力水管，夹角为 15°，并用阀门控制，当需要人工强制冲洗时，打开阀门，高速水流便在抽气管与虹吸辅助管连接三通处产生强烈的抽气作用，使虹吸很快形成，进行强制反洗。

三、移动罩滤池

移动罩滤池因设有可以移动的冲洗罩而命名，故又称为移动冲洗罩滤池。它是由若干滤格（$n > 8$）为一组构成的滤池，滤料层上部相互连通，滤池底部配水区也相互连通，故一座滤池仅有一个进水和出水系统，运行中，移动罩滤池利用机电装置驱动和控制移动冲洗罩顺序对各滤格进行冲洗。考虑到检修，滤池座数不得少于 2 座。

移动罩滤池的构造见图 4-16。过滤时，待滤水由进水管经中央配水渠及两侧渠壁上配水孔进入滤池，水流自上而下通过滤层进行过滤，滤后水由底部配水室流入钟罩式虹吸管的中心管，当虹吸中心管内水位上升到管顶且溢流时，带走钟罩式虹吸管和中心管间的空气，达到一定真空度时，虹吸形成，滤后水便从钟罩式虹吸管与中心管间的环形空间流出，经出水堰、出水管进入清水池。滤池内水面标高 Z_1 和出水堰上水位标高 Z_2 之差即为过滤水头，一般取 $1.2 \sim 1.5$ m。

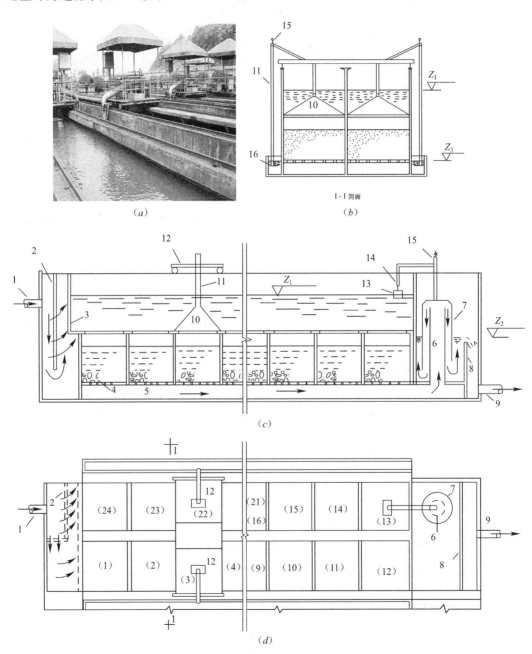

图 4-16　移动罩滤池的构造

1—进水管；2—穿孔配水管；3—消力栅；4—滤层；5—配水系统的配水室；6—出水虹吸中心管；

7—出水虹吸管钟罩；8—出水堰；9—出水管；10—冲洗罩；11—排水虹吸；

12—桁车；13—浮筒；14—针形阀；15—抽气管；16—排水渠

钟罩式虹吸管上装有水位恒定器，它由浮筒和针形阀组成。当滤池出水流量低于进水流量时，滤池内水位升高，水位恒定器的浮筒随之上升并促使针形阀封闭进气口，使钟罩式虹吸管中真空度增加，出水量随之增大，滤池水位随之下降。当滤池出水流量超过进水流量时（例如滤池刚冲洗完毕投入运行时），滤池内水位下降，水位恒定器的浮筒随之下降使针形阀打开，空气进入钟罩式虹吸管，真空度减小，出水流量随之减小，滤池水位复又上升，防止清洁滤池内滤速过高而引起出水水质恶化。因此，浮筒总是在一定幅度内升降，使滤池水面基本保持一定。当滤格数多时，移动罩滤池的过滤过程就接近等水头减速过滤。反冲洗时，冲洗罩由桁车带动移动到需要冲洗的滤格上面定位，并封住滤格顶部，同时用抽气设备抽出排水虹吸管中的空气。当排水虹吸管真空度达到一定值时，虹吸形成，冲洗开始。冲洗水为同座滤池的其余滤格滤后水，经小阻力配水系统的底部配水室进入滤池，自上而下通过滤料层，对滤料层进行反复冲洗。冲洗废水经排水虹吸管排入水渠，出水渠水位标高 Z_2 和排水渠中水封井的水位标高 Z_3 之差即为冲洗水头，一般取 $1.0\sim1.2\mathrm{m}$。当滤格数较多时，在一个滤池冲洗期间，滤池仍可继续向清水池供水。冲洗完毕，破坏冲洗罩的密封，该格滤池恢复过滤。冲洗罩移至下一滤格，在准备对下一滤格进行冲洗。

移动罩滤池冲洗时，冲洗水来自同座其他滤格的过滤水，因而具有虹吸滤池的优点；移动冲洗罩的作用是使滤格处于封闭状态，这和无阀滤池伞形顶盖相同，又具有无阀滤池的某些特点。冲洗罩的移动、定位和密封是滤池正常运行的关键。移动速度、停车定位和定位后密封时间等，均根据设计要求用程序控制或机电控制。设计中务求罩体定位准确、密封良好、控制设备安全可靠。

移动罩滤池的反冲洗排水装置除采用上述虹吸式外，还可以采用泵吸式，称作泵吸式移动罩滤池，见图4-16。泵吸式移动冲洗罩滤池是靠水泵的抽吸作用克服滤料层及沿程各部分的水头损失进行反复冲洗，不仅可以进一步降低池高，还可以利用冲洗泵的扬程，直接将冲洗废水送往絮凝沉淀池回收利用。冲洗泵多采用低扬程、吸水性能良好的水泵。

四、V型滤池

V型滤池是由法国德格雷蒙（DEGREMONT）公司设计的一种快滤池，其命名是因滤池两侧（或一侧也可）进水槽设计成V形。V型滤池的构造见图4-17。通常一组滤池由数只滤池组成。每只滤池中间设置双层中央渠道，将滤池分成左、右两格。渠道的上层为排水渠，作用是排除反冲洗废水；下层为气、水分配渠，其作用：一是过滤时收集滤后清水，二是反冲洗时均匀分配气和水。在气、水分配渠上均匀布置一排配气小孔，下部均匀布置一排配水方孔。滤板上均匀布置长柄滤头，每平方米约布置 $50\sim60$ 个，滤板下部是底部空间。在V型进水槽底设有一排小孔，即可作为过滤时进水用，又可冲洗时供横向扫洗布水用，这是V型滤池的一个特点。

过滤时，打开进水气动隔膜阀和清水阀，待滤水由进水总渠经进水气动隔膜阀和方孔后，溢过堰口再经侧孔进入V型进水槽，然后待滤水通过V型进水槽底的小孔和槽顶

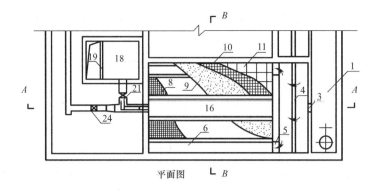

平面图

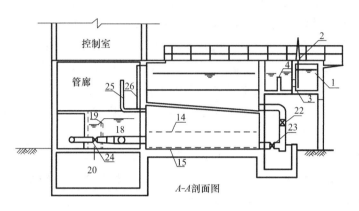

A-A剖面图

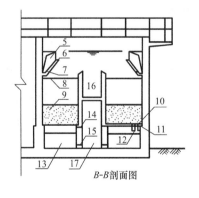

B-B剖面图

图 4-17 V 型滤池的构造

1—进水总管；2—气动隔膜阀；3—进水方孔；4—进水堰口；5—V 型槽进水闸孔；6—V 型槽；7—表面扫洗孔；
8—滤料拦截板；9—新型滤料；10—滤网板；11—滤板；12—长柄滤头；13—底部空间；14—布气圆孔；
15—配水方孔；16—排污渠；17—气水分配渠；18—水封井；19—出水堰；20—清水渠；21—清水阀；
22—排水阀；23—过滤水阀；24—冲洗水阀；25—冲洗气阀；26—放气阀

溢流均匀进入滤池。自上而下通过砂滤层进行过滤，滤后水经长柄滤头流入底部空间，再经方孔汇入中央气水分配渠内。由清水支管流入管廊中的水封井，最后经出水堰、清水渠流入清水池。

冲洗时，关闭气动隔膜阀和清水阀，但两侧方孔常开，故仍有一部分水继续进入 V 型进水槽并经槽底小孔进入滤池。而后开启排水阀，滤池内浑水从中央渠道的上层排水渠中排出，待滤池内浑水面与 V 型槽顶相平，开始反冲洗操作。

反冲洗操作过程：

（1）进气：启动鼓风机，打开进气阀，空气经中央渠道下层的气水分配渠的上部配气小孔均匀进入滤池底部，由长柄滤头喷出，将滤料表面杂质擦洗下来并悬浮于水中。此时 V 型进水槽底小孔继续进水，在滤池中产生横向水流的表面扫洗作用下，将杂质推向中央渠道上层的排水渠。

（2）进气-水：启动冲洗水泵，打开冲洗水阀，此时空气和水同时进入气、水分配渠，再经方孔（进水）小孔（进气）和长柄滤头均匀进入滤池。使滤料得到进一步冲洗，同时，表面扫洗仍继续进行。

（3）单独浸水漂洗：关闭进气阀停止气冲，单独用水在反冲洗，加上表面扫洗，最后将悬浮于水中杂质全部冲入排水渠，冲洗结束。停泵，关闭冲洗水阀，打开气动隔膜阀和清水阀，过滤重新开始。

气冲强度一般在 $14\sim17$L/（s·m²）内，水冲强度约 4L/（s·m²）左右，表面扫洗强度约 $1.4\sim2.0$L/（s·m²）。因水流反冲强度小，故滤料不会膨胀，总的反冲洗时间约 $10\sim12$min 左右。V 型滤池的冲洗过程全部由程序自动控制。

五、D 型滤池

D 型滤池是由清华大学和德安公司共同开发研制的一种重力式高速自适应滤池，它以国家"863 计划"的专利产品——彗星式纤维滤料为技术核心，采用小阻力配水系统、高效的气水反冲洗技术、恒水位或变水位的过滤方式，广泛应用于市政自来水工程、工业给水工程和中水回用工程，取得良好的经济效益和社会效益。

D 型滤池在工艺设计上分为配水（含进水和出水）系统与气水反冲洗系统两部分。滤池主体结构包括池体、池内分区隔墙、梁柱、V 型槽、出水槽，见图 4-18。

D 型滤池采用彗星式（自适应）纤维滤料，这是一种新型的过滤材料，设计为不对称结构，一端为松散的纤维丝束，称"彗尾"，另一端为比重较大的实心体，称"彗核"，

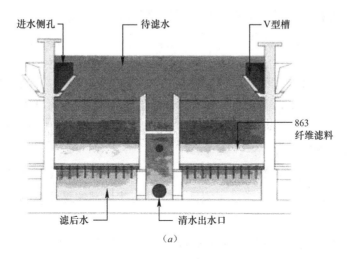

图 4-18　D 型滤池（一）

（a）D 型滤池过滤示意图

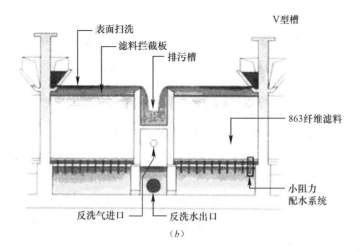

图 4-18　D 型滤池（二）

(*b*) D 型滤池反冲洗示意图

彗尾纤维丝束固定于彗核内，整体呈彗星状，彗星式纤维滤料的不对称结构使得其兼有颗粒滤料和纤维滤料的特点。

1. 过滤过程

在过滤过程中，只有原水进水阀和滤池出水阀是开启的，其余阀门都是处于关闭状态的。

2. 反冲洗过程

反冲洗分三个阶段：分别是单独气冲、气水混冲和水漂洗，其工作过程如下：

（1）单独气冲：

打开反冲洗进气阀，开启风机，空气经气水分配暗渠里的上部小孔均匀进入滤池底部，由长柄滤头喷出，将滤料托起、冲散，滤料上附着的杂质通过气泡与滤料之间的摩擦、滤料之间的碰撞以及水流的剪切力的作用清洗下来并悬浮于水中，被表面扫洗水冲入排水槽中。此过程只有反冲洗进风阀和反冲排污阀是打开的，其余的阀门都处于关闭状态。

（2）气水混冲过程：

此过程只有反冲洗进风阀、反冲洗进水阀和反冲排污阀是打开的，其余的阀门都处于关闭状态。此时，原水进水阀处于微开状态，以保证被处理水进来确保表面扫洗的工艺功能。表面扫洗的工艺是把滤池上的死角里的脏物通过表面扫洗的推力带到排污渠里。

（3）水漂洗过程：

此过程只有反冲洗进水阀和反冲排污阀是打开的，其余的阀门都处于关闭状态。此过程主要是通过干净水流对滤料进行漂洗，同时把滤料上的悬浮脏物排到排污渠中。此时表面扫洗继续存在。

D 型滤池具备传统快滤池的主要优点，且由于运用了 DA863 过滤技术，多方面性能优于传统快滤池，是一种实用、新型、高效的滤池。它具有以下特点：

（1）过滤精度高：经 Multisizer3 颗粒粒度分布和计数仪分析测试，对水中大于 $5\mu m$

的悬浮固体颗粒的去除率可达 91% 以上，最高去除率为 97.7%，正常出水浊度在 1NTU 以下。

（2）截污容量大：经混凝处理的水，截污容量在 $10\sim35\text{kg/m}^3$ 的范围内。

（3）过滤速度快：在工程应用中的设计过滤速度为 $18\sim23\text{m/h}$，它可以减少水厂的占地面积，从而节约建设投资。

（4）反洗耗水率低：反冲洗耗水量小于周期滤水量的 $1\%\sim2\%$。

（5）运行费用低：絮凝剂投加量是常规砂滤技术的 $1/2\sim1/3$，且周期产水量的提高使得吨水运行费用也随之减少。

（6）使用寿命长：滤料本身耐腐蚀性能好，自然使用寿命在十年以上，维护费用低。

（7）检修维护方便：使用多年后对滤池适量补充滤料，不存在纤维束滤池滤料必须整体割除更换的弊病。

（8）抗负荷能力强：能经受短时间内高浊度水（如雨期水源）的冲击，而仍然保证出水水质。

六、压力滤池

压力滤池是用钢制压力容器外壳制成的快滤池，其构造见图 4-19。压力滤池外形呈圆柱状，直径一般不超过 3m。容器内装有滤料、进水和反冲洗配水系统，容器外设置各种管道和阀门等。配水系统大多数采用小阻力系统中的缝隙式滤头。滤层粒径、厚度都大，粒径一般采用 $0.6\sim1.0\text{mm}$，滤料层厚度约为 $1.0\sim1.2\text{m}$，滤速为 $8\sim10\text{m/h}$。压力滤池的进水管和出水管上都安装有压力表，两表的压力差值即为过滤时的水头损失，其中允许水头损失值一般可达 $5\sim6\text{m}$。运行中，为提高冲洗效果和节省冲洗水量，可考虑用压缩空气辅助冲洗。

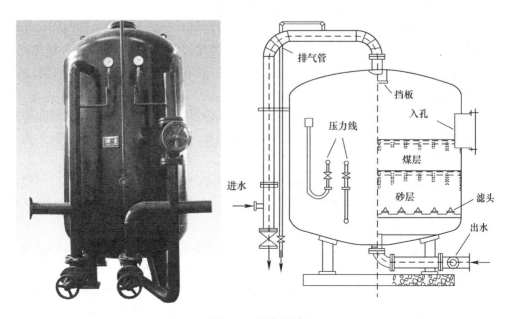

图 4-19 压力滤池

任务 4.5 滤池的运行与管理

一、过滤工艺的运行

1. 运行管理

（1）清除滤池内杂物，检查各部管道和闸阀是否正常，滤料层表面是否平整，高度是否足够，一般初次使用时滤料比设计要加厚 5cm 左右。

（2）凡滤池停止工作或放空后都应该做排除空气工作。

（3）未经洗净的滤料层需连续反冲洗两次以上，将滤料冲洗清洁为止。

（4）凡滤池翻修或填加滤料，都应用漂白粉溶液或液氯进行消毒处理。氯的耗用根据滤料和承托层的体积确定，一般可按 $0.05\sim0.1kg/m^3$ 计算，漂白粉的耗用应按有效氯折算。

2. 试运行

（1）测定初滤时水头损失与滤速：打开进水闸阀，沉淀（澄清）水进入滤池，出水闸阀的开启度应根据水头损失值进行控制，一般先开到水头损失为 $0.4\sim0.6m$ 并测定滤速，看是否符合设计要求。如不符合，则再按水头损失大小调整出水闸阀，并再次测定滤速，直到符合设计要求为止。从中找出冲洗后的滤池水头损失和滤速之间的规律。每个滤池必须进行测定。

（2）水头损失增长过快的处理：如进水浊度符合滤池要求，而出现水头损失增长很快，运行周期比设计要求短的很多的现象，这种情况可能是由于滤料加工不妥或粒径过细所致。处理办法可将滤料表面 $3\sim5cm$ 厚的细滤料层刮除。这样可延长运作周期，而后需再重新测定滤速与水头损失的关系，直至满足设计要求。

（3）运作周期的确定根据设计要求的滤速进行运行，并记下开始运行时间，在运行中出水闸阀不得任意调整。水头损失随着运行时间的延长而增加，当水头损失增加到 $2\sim2.5m$ 时，即可进行反冲洗。从开始运行至反冲洗的时间即为初步得出的运转周期。

3. 正常运行

经过一段时间试运行后，即转为正常运行，但必须有一套严格的操作规程和管理方法，否则很容易造成运行不正常，滤池工作周期缩短，过滤水水质变坏等问题。为此必须做到以下几点：

（1）严格控制滤池进水浊度，一般以 10NTU 左右为宜。进水浊度如过高，不仅会缩短滤池运行周期，增加反冲洗水量，而且对于滤后水质有影响。一般应 $1\sim2h$ 测定 1 次进水浊度，并记入生产日报表。

（2）适当控制滤速。刚冲洗过的滤池，滤速尽可能小一点，运行 1h 后再调整至规定滤速。如确因供水需要，也可适当提高滤速，但必须确保出水水质。

（3）运行中滤料面以上水位宜尽量保持高一点，不应低于三角配水槽，以免进水直冲滤料层，破坏滤层结构，使过滤水短路，造成污泥渗入下层，影响出水水质。

（4）每小时观察一次水头损失，将读数记入生产日报表。运行中一般不允许产生负水头，决不允许空气从放气阀、水头损失仪、出水闸阀等处进入滤层。当水头损失达到规定数值时即进行反冲洗。

（5）按时测定滤后水浊度，一般 1～2h 测一次，并记入生产日报表中。当滤后水浊度不符合水质标准要求时，可适当减小滤池负荷，如水质仍不见好转，应停池检查，找出原因及时解决。

（6）当用水量减小，部分滤池需要停池时，应先把接近要冲洗的滤池冲洗清洁后再停用，或停用运行时间最短、水头损失最小的滤池。

（7）及时清除滤池水面上的漂浮杂质，经常保持滤池清洁，定期洗刷池壁、排水槽等，一般可在冲洗前或冲洗时进行。

（8）每隔 2～3 个月对每个滤池进行一次技术测定，分析滤池运行状况是否正常。对滤池的管配件和其他附件要及时进行维修。

4. 反冲洗

反冲洗（图 4-20）是滤池运行管理中重要的一环。为了充分洗净滤料层中吸附着的积泥杂质，需要有一定的冲洗强度和冲洗时间，否则将影响滤池的过滤效果。

（1）反冲洗强度的控制

反冲洗强度的大小用反冲洗闸阀控制。操作人员根据设计要求的反冲洗强度，用掌握反冲洗闸阀开启度方法，控制所要求的强度。

图 4-20　滤池反冲洗

（2）反冲洗顺序

1）关闭进水闸阀与水头损失仪测压管处闸阀，将滤池水位降到冲洗排水槽以下；

2）打开排水闸阀，使滤池水位下降到池料面以下 10～20cm；

3）关闭滤后水出水闸阀，打开放气闸阀；

4）打开表面冲洗闸阀，当表面冲洗 3min，即打开反冲洗闸阀，闸阀开启度由小至大逐渐达到要求的反冲洗强度，冲洗 2～3min 后，关闭表面冲洗闸阀，表面冲洗历时总共需 5～6min，表面冲洗结束后，再单独进行反冲洗 3～5min，关闭反冲洗闸阀和放气阀；

5）关闭排水闸阀冲洗完毕。

（3）滤层膨胀率控制

池内反冲洗时，水流由下而上通过承托层、滤料层，而滤料颗粒悬浮于上升水流之中，整个滤料层增大了体积，这种现象叫做滤层膨胀。膨胀率通常用百分率来表示，就是反冲洗时滤料层膨胀这部分高度与未膨胀前滤料层高度之比。膨胀率一般控制在 45%～50%（测定方法见后），膨胀率与冲洗强度有关，膨胀率过低使滤料颗粒之间不能充分地碰撞摩擦，滤料就冲洗不干净；但膨胀率过大也会使滤料颗粒间碰撞摩擦几率减小，甚至使承托层发生移动，造成滤料漏失的可能，同时还会将滤料冲走。膨胀率与滤料的粒径和相对密度有关，在同样反冲洗强度下，水温越高膨胀率越低。为了达到一定的膨胀率，对不同滤料、不同水温要有不同的反冲洗强度，粒径大、相对密度大的滤料反冲洗强度要大一些，夏天反冲洗强度要比冬天大一些。一般来说，水温增减 1℃，反冲洗强度相应增减 1％。如冬夏水温相差 20℃，反冲洗强度也有 20％ 的差异，不然就会影响滤层膨胀率。

（4）反冲洗要求

滤层能否冲洗干净，关键在于正确掌握反冲洗强度。同一滤池在相同水温条件下，用同样的水量进行反冲洗，反冲洗强度不同，效果就不同。

滤池反冲洗后，要求滤料层清洁、滤料表面平整、排出水浊度应在 20NTU 以下。如果排出水浊度超过 20NTU 时，应考虑适当缩短运行周期；当超过 40NTU 以上时，滤料层中含泥量会逐渐增多而结成泥球，不仅影响率速而且还影响出水水质，破坏原有滤层结构。为了保证滤池冲洗干净，必须具有 12～15L/(m² • s) 的反冲洗强度以及 6～8min 的冲洗时间。

5. 快滤池常见故障原因分析及排除措施

过滤时由于滤池冲洗效果长期不好、气阻现象、滤速控制不好、配水系统孔眼阻塞、滤料过细或滤料层过厚、矾花强度过大以致不能穿透滤料深层等原因，可能使滤池过滤的水头损失增长过快。

另外有时滤池的滤后出水水质下降，造成出水水质下降的原因有：滤池未能及时冲洗、气阻、滤速过高、滤层扰动、滤层中有泥球形成、滤料尺寸和滤料厚度不合适、滤料表层形成泥膜产生裂缝、因反冲洗时带走滤料而使得滤层厚度不够，或是因为混凝的矾花细小易碎等。

那么运行中应采取哪些措施呢？

（1）滤池气阻

滤池过滤过程中，有时滤料中会积聚大量空气，特别是表层滤料层。滤层中气泡会增加过滤时的阻力，减少过滤的水量。在反冲洗时，气泡会随着水流带出，可以看到水面上有大量气泡冒出，这是滤层开裂、水质变坏的原因，上述现象在生产上称作气阻。气阻形成的原因主要有：

1）滤层上部水深不够，滤料层内产生负水头现象，使水中溶解的气体析出，应及时提高滤层上部水头；

2）滤池运行周期过长，滤层内发生厌氧分解，产生气体；

3）空气进入滤层，滤池发生滤干；

4）反冲洗塔内存水用完，空气进入滤层。

相应的措施有：

1）及时提高滤层上的水头，对于设计者来说应尽量抬高出水口的高度，若出水口高于滤层上表面，可以避免出现负水头现象；

2）在运行过程中滤池周期不宜过长，一般在 24 小时左右，太长考虑增加滤池过滤速度来缩短过滤周期；

3）若发生滤池滤干情况，在进水时应考虑到排除滤料中的空气，如用清水缓慢地从下向上倒灌到滤池，以赶出滤料中的气体；

4）滤池反冲洗时应控制塔内的水位。

（2）滤层产生泥球

滤层中出现泥球的情况经常见到，一旦泥球形成将会越长越大，有些水厂在滤池换砂时抢出的泥球个别的比鸡蛋还大。产生泥球的原因：泥球是由细砂、矾花和泥土黏结而成，主要是由于滤池长期得不到合格的冲洗，或者冲洗强度不足，或是冲洗时间太短，以致胶体状污泥相互黏结，尺寸越结越大。它的后果是使得滤料的级配混乱，过滤水水质容易浑浊，并因其主要成分是有机物，因此可能会腐化发臭。

相应的措施：

为了避免泥球的形成，首先应使滤池的冲洗达到规定的冲洗强度、冲洗历时和膨胀度，使得每次都能够冲洗干净。

如果滤层中已经有泥球，多数情况下应该更换滤料。更换滤料时应检查承托层是否层次分明，有无混杂，配水系统的孔眼是否堵塞等。如果暂时不换滤料，也可在滤池冲洗后暂时停止使用，放去存水到离砂面还有 20~30cm 处，然后用漂白粉或液氯浸泡 12h 后再进行冲洗，这种方法主要是用氯来氧化泥球中的有机物。

（3）跑砂漏砂

有时滤池运行过程中的滤层发生错动，有些滤料被过滤水带走。造成漏砂的原因及相应的措施：

1）冲洗强度过大或反冲洗配水不均匀，使得承托层松动，应降低冲洗强度，及时检修或找到配水不均的原因；

2）滤池由于各种原因形成气阻，对滤层造成破坏，应检查消除气阻；

3）滤料级配不当，应及时更换或补充合格滤料。

（4）黏泥生长

单层滤料的滤层中会有黏泥生长，最终会堵塞滤层而不能有效过滤，必要时可停止过滤，用氯去除黏泥。将池子里灌满氯水，浸泡一定时间，再经过多次反冲洗，清除黏泥。

净水厂滤池的滤料，经过长期使用，冲洗时使得滤料磨损失去了明显的棱角；此外，经过长期使用，不断冲洗，冲洗过程中细小的砂不断随着反冲洗水流失，导致滤料层的有效尺寸增大，一般要求滤池的滤料使用大约 7 年左右应考虑更换。

6. 几种技术数据的测定

（1）滤速

关闭进水闸阀后立即开始记录时间，直至滤池水位下降到排水槽口附近时止，并记下水位下降距离，用式（4-3）计算出近似滤速值。

$$V = \frac{H}{T} \times 3600 \qquad (4\text{-}3)$$

式中 V——滤速，m/h；

  H——滤池水位下降距离，m；

  T——滤池水位下降 H 时所需时间，s。

（2）反冲洗强度

反冲洗强度是单位时间内单位滤池面积上所通过的冲洗水量，单位为 L/(m² · s)。

采用水塔或水箱进行冲洗时，开启反冲洗闸阀，当滤池内水位上升到滤料面以上 10～20cm 后，开启反冲洗泵与闸阀，等反冲洗上升水流速稳定后，由测得的总耗用冲洗水量及反冲洗时间，用式（4-4）进行计算。

$$q = \frac{Q}{FT} \tag{4-4}$$

式中　　q——反冲洗强度，$L/(m^2 \cdot s)$；

　　　　Q——总耗用冲洗水量，L；

　　　　F——滤池面积，m^2；

　　　　T——冲洗时间，s。

（3）滤层膨胀率

先制作一个测定膨胀率的工具，用宽 10cm、长 2m 以上的木板一块，从距底部 10cm 开始每隔 2cm 设置铁皮小斗 1 只，交错排列，共 20 只。

冲洗滤池前将木板直立于滤料表面，并加以固定，冲洗滤池完毕，检查小斗内遗留下来的砂粒，从发现滤料的最高小斗至冲洗前砂面的高度，即为滤料层膨胀高度。膨胀率可用式（4-5）计算。

$$e = \frac{H}{H_0} \times 100 \tag{4-5}$$

式中　　e——滤料层膨胀率，%；

　　　　H——滤料层膨胀高度，cm；

　　　　H_0——滤料层高度，cm。

（4）含泥量

滤池冲洗后在滤料表层下 10cm 和 20cm 处各取 20g，并在烘箱中以 105℃ 的温度烘干直至恒重。然后称取一定量的滤料，仔细地用 10% 盐酸冲洗，再用清水冲洗，在冲洗时必须注意防止滤料冲走。将洗净的滤料重新在 105℃ 下烘干，直至恒重，再称质量。滤料冲洗前后的质量差即为含泥的质量，泥的质量与洗净后干滤料质量之比即为滤料的含泥量。计算公式见式（4-6）。

$$c = \frac{W_1 - W}{W} \times 100 \tag{4-6}$$

式中　　c——含泥量百分率，%；

　　　　W_1——滤料冲洗前质量，g；

　　　　W——滤料冲洗后质量，g。

二、过滤设施的维护和保养

1. 日常保养

每日检查阀门、冲洗设备、管道、电气设备、仪表等的运行状态，并相应加注润滑油和清扫等保养，保持环境卫生和设备清洁。

2. 定期维护

（1）每月对阀门、冲洗设备、管道、仪表等维修一次，对阀门管道漏水要及时整理，对滤层表面进行平整。

（2）每年对上述设备做一次解体修理，或部分更换；金属件油漆一次。发现泥球和有机物严重时，要清洗或更换滤层表面细滤料。

三、过滤设施的安全操作

1. 滤池反冲洗时，应观察滤池水位，观察滤料膨胀情况。

2. 对机电设备及自控系统应按规定进行检查。

（1）检查所有电机的转向（鼓风机等），如有必要检查齿轮箱的油位；

（2）启动压缩空气系统，检查空压机、压力开关及应急设备等；

（3）检查手动、气动阀门是否运转正确并操作灵活；

（4）按照设备的说明书调节气动阀门的压力；

（5）检查鼓风机的安全阀的设定是否正确；

（6）检查各种传感器的回路（液位计、阻塞计、流量计等）是否正常；

（7）检查不同的自控系统（反冲洗和过滤的继电及程序控制）是否正常。

能力拓展训练

一、判断题

1. 快滤池的管廊是集中布置管渠、配件及阀门的场所。（　　）

2. 虹吸滤池以虹吸管代替普通快滤池的阀门，其控制系统是管径很小的真空管路及容量很小的真空设备，因此造价比较低。（　　）

3. 滤料中含泥率高，出现泥球，使整个滤层出现级配混乱，降低过滤效果。（　　）

4. 普通过滤池改成"双阀滤池"、"无阀滤池"不仅节约了阀门的购置成本、降低动力消耗，而且简化了操作步骤。（　　）

5. 无阀滤池运转中会出现负水头现象，使过滤的水头损失及滤速增加。（　　）

6. V 型滤池水位稳定，砂层下部负水压产生小。（　　）

二、选择题

1. 滤层产生裂缝的原因是（　　）

A. 滤料层含泥量过多，或积泥不均匀　　　　B. 反冲洗强度大

C. 滤层膨胀率大　　　　　　　　　　　　　D. 滤料级配不当

2. 快滤池跑砂、漏砂可用（　　）的方法进行处理。

A. 检查配水系统并适当调整冲洗强度　　　　B. 提高滤速

C. 不使滤层产生负水头　　　　　　　　　　D. 适当缩短过滤周期

3. 不会出现负水头的过滤是（　　）

A. 虹吸滤池　　　　　　　　　　　　　　　B. 快滤池

C. 双阀滤池　　　　　　　　　　　　　　　D. 移动罩滤池

4. 关于无阀滤池的优缺点叙述不正确的是（　　）。

A. 运行全部自动，管理方便　　　　　　　　B. 运转中滤层内不会出现负水头现象

C. 结构简单，省去大阀门，造价低　　　　　D. 更换滤料困难，只能从人孔中进出

5. （　　）的反冲洗水是来自本组其他滤格的滤后水。

A. 普通快滤池 　　　　　　　　　　　　B. 双阀滤池

C. V 型滤池 　　　　　　　　　　　　　D. 移动冲洗罩

三、简答题

1. 何谓 V 型滤池，其主要特点是什么？

2. 普通快滤池管理包括哪些内容？

3. 如何测定滤速、反冲洗强度？

4. 如何测定滤层膨胀率？

5. 什么是 D 型滤池？D 型滤池有何优点？

6. 滤池跑砂、漏砂的原因是什么？应采取哪些措施？

项目 5
清水池的运行与管理

【项目概述】

> 本项目主要介绍清水池的基本知识及其运行管理操作技能。

【学习目标】

> 通过本项目的学习，使学生能够复述清水池的作用、容积及构造组成，并分析清水池运行不当对饮用水水质的影响；能够对清水池进行日常运行管理、维护设备正常运行等工作，对常见故障进行分析、判断和解决，保证饮用水的水质，保证后续水泵泵站、给水管道等系统的正常工作。

【学习支持】

> 《生活饮用水卫生标准》GB 5749—2006、给水系统组成、常规水处理工艺。

任务 5.1 熟悉清水池

问题的提出

观察图 5-1，猜一猜这是什么？它们与我们之前学习的水处理构筑物有什么关系？它们又是如何正常运行的呢？

一、清水池的作用及容积

1. 水量调节设施及其选用

一般情况下，水厂的取水构筑物和净水厂规模是按最高日平均时流量设计的，而配

(a)　　　　　　　　　　　　　　　　　(b)

图 5-1　清水池外貌

水设施则需满足供水区的逐时用水量变化，为此需设置水量调节构筑物，以平衡两者的负荷变化。

调节构筑物的设置方式对配水管网的造价以及运行电费均有较大影响，故设计时应根据具体条件作多方案比较。

2. 清水池的作用

在给水系统中，水厂均匀供水与用户不均匀用水之间的流量不平衡是由清水池和水塔来调节的。清水池位于水处理构筑物与二级泵站之间，清水池内流入的流量取决于水厂产水流量，其流出的流量取决于二级泵站的供水流量，水厂产水流量与二级泵站的供水流量不相等时，其流量差额由清水池吞吐加以调节，连续累计流入或流出的最大流量就是清水池的调节容积。水塔则位于二级泵站与用户之间，二级泵站供水流量和用户流量不相等时，其流量差额由水塔吞吐加以调节，连续累计流入或流出的最大流量就是水塔的调节容积。所以清水池和水塔在给水作用中主要起流量的调节作用，除此之外，清水池还兼有贮存水量和保证氯消毒接触时间等作用；水塔则兼有贮存水量和保证管网水压的作用。但由于单位容积的水塔造价远高于清水池造价，所以在工程实践中，一般均增大清水池的容积而缩减水塔的容积，以节省投资。本教材具体介绍清水池的构造、作用、容积及运行管理等内容。

3. 清水池的容积

清水池的有效容积 W_c 一般按式（5-1）计算：

$$W_c = W_1 + W_2 + W_3 + W_4 \tag{5-1}$$

式中　W_1——调节容量（m^3），一般根据水厂产水曲线和二级泵站供水曲线求得；

　　　W_2——净水构筑物冲洗用水及其他厂用水的调节水量（当滤池采用水泵冲洗并由清水池供水时可按一次冲洗的水量考虑，对于城镇水厂，二级泵站分级供水时，凭经验估算，W_2 应视具体情况可按最高日设计用水量的 5% 左右估算；当滤池采用水塔冲洗时，W_2 一般可不考虑）；

　　　W_3——安全储量（m^3），为避免清水池抽空，威胁供水安全，清水池可保留一定水深的容量作为安全储量；

　　　W_4——消防贮量（m^3）；

$$W_4 = T(Q_X + Q_T - Q_1) \tag{5-2}$$

其中　T——消防历时（h），一般为 3h，也有采用 2h 的，可视具体情况而定；

Q_X——消防用量（m^3/h），按现行《建筑设计防火规范》确定；

Q_T——最高日平均时生活与生产用水量之和（m^3/h）；

Q_1——消防时一级泵站供水量（m^3/h）。

当缺乏制水曲线和供水曲线资料时，对于配水管网中无调节构筑物的清水池有效容量 W_c，可按最高日用水量的 $10\%\sim20\%$ 考虑。

清水池的消防贮量和安全贮量之和，需要复核必要的消毒接触时间不小于 30min 的容量要求，一般均能满足。

清水池的池数或分格数，一般不少于两个，并能单独工作和分别放空。如有特殊措施能保证供水要求时，亦可采用一个。当考虑近远期结合，近期只建一只清水池时，一般应设超越清水池的管道，以便清洗时不影响供水。

二、清水池的构造

1. 清水池的构造组成

清水池由进水管、出水管、溢水管、排水管、通气孔及检修孔和导流墙等组成。清水池进、出水管应分设，即有单独的进水管和出水管，安装地点应保证池水的经常循环，一般从池一侧上部进水，从另一侧下部出水；结合导流墙布置，以保证池水能经常流通，避免死水区。

管道口径应通过计算确定，并留有余地，以适应挖潜改造时水量的增加。

（1）进水管：管径按最高日平均时水量计算。进水管标高应考虑避免由于池中水位变化而形成进水管的气阻，可采用降低进水管标高，或进水管进池后用弯管下弯。

当清水池进水管上游设置有计量或加注化学药剂设备时，进水管应采取适应措施，保证满管出流。

（2）出水管：管径一般按最高日最高时水量计算。当二级泵房设有吸水井时，清水池出水管（至吸水井）一般设置一根；当水泵直接从池内吸水时，出水管根数根据水泵台数确定。出水管的设置形式一般有以下几种：

1）从池底集水坑敷管出水，常用于二级泵房前设有吸水井时。

2）水泵吸水管直接弯入池底集水坑吸水。

当清水池消防贮水量必须严格确保时，池内可设置必要的水位传示、报警或控制性措施。

（3）溢水管：管径一般与进水管相同，管端为喇叭口，管上不得安装阀门。溢水管出口应设有网罩，以防爬虫等沿溢水管进入池内，如清水池全部为地下式而溢水管出口经常处在排水水位以下时，也可考虑将溢水管先经溢流井，再通至排水井，以避免清水受到污染，见图 5-2。

（4）排水管：在一般情况下，清水池在低水位条件下进行泄空。排水管管径可按 2h 内将余水泄空进行计算，但最小管径不得小于 100mm。如清水池埋深大，排水有困难时，可在池外设置

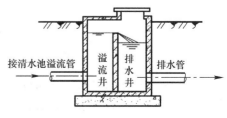

图 5-2   溢流井布置

排水井，利用水泵抽除，也可利用潜水泵直接由清水池抽除。为便于排空池水，池底应有一定底坡，并设置排水集水坑。

（5）通气孔及检修孔：通气孔及检修孔数目根据水池大小而定。

通气孔应设置在清水池顶部并有设有网罩。宜结合导流墙布置。通气孔池外高度宜布置有参差，以利空气自然对流。检修孔宜设置于清水池进水管、出水管、溢流管和集水坑附近，同时宜成对角线布置。检修孔设置不宜少于两个，孔的尺寸应满足池内管配件进出要求，孔顶应设置防雨盖板。

（6）导流墙：为避免池内水的短流和满足加氯后的接触时间的需要，池内应设导流墙。为清洗水池时排水方便，在导流墙底部，隔一定距离设置流水孔，流水孔的底缘应与池底相平。导流墙若砌至池顶，应在干弦范围的墙上设置通气孔，并使用清水池排气通畅。

（7）池顶覆土：覆土厚度需满足清水池抗浮要求，避免池顶面直晒，并应符合保温要求。

（8）水位指示：清水池应设置水位连续测量装置，发出上、下限水位信号，供水位自动控制或水位报警之用。水位仪宜具有传示功能，并有较大的传示范围。水位仪应选择投入式或与池水不接触式（如超声波液位计），便于修检。

必要时，可在清水池设置就地水位指示。

（9）为了充分利用进水的富裕水头，某些水厂的清水池进水端加设了配水室，见图5-3，水首先进入配水室，然后由溢水堰顶溢入清水池内。当进水量大于出水量时，配水室内水位经常保持溢流水位；当出水量大于进水量时，配水室水位下降，清水池通过底部止回阀流入配水室。

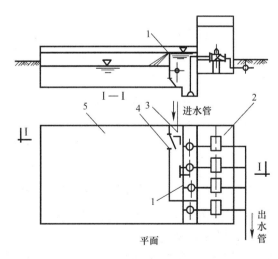

图 5-3　进出水配水室

1—溢水堰；2—泵房；3—配水室；4—止回阀；5—清水池

该布置的优点是可充分利用进水水头，减少清水池内水位跌落造成的能量损失，节约电耗；缺点是布置复杂，受配水室容量限制，加氯接触时间较短。

在同时贮存消防用水的水池，为避免平时取用消防用水，可采取图5-4所示的各种措施。图 5-4（a）、（b）适合重力供水时或直接供水至吸水井；图 5-4（c）、（d）适合水泵直接吸水时。图 5-4（a）、（c）两种办法虽能保证消防贮水量不被动用，但下层存水流动性差，容易变质，需定期采取措施更新水体；图 5-4（b）、（d）所示措施既可保证消防水量不被动用，又能保证池中水质良好。图 5-4（d）所示措施还可变换成隔墙底部溢流孔式或溢流管式，参见图 5-4（e）、（f）。

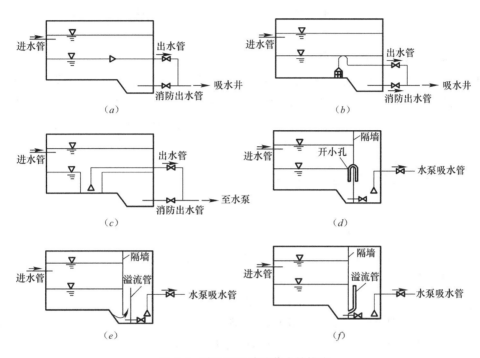

图 5-4　防止取用消防蓄水的措施

任务 5.2　清水池的运行与管理

一、清水池的运行

1. 根据设计和生产实际严格控制清水池的水位，严禁超上、下限（最高、最低水位）运行。清水池应配置在线连续检测水位计或固定式水位尺。

2. 清水池运行应避免池内滞留区存水时间过长。

3. 清水池的透气孔、检修人孔，人员出入必须有卫生和安全防护措施。

4. 定期按规程清洗清水池。清水池排空时应按设计要求对其抗浮采取相应的措施。

二、清水池的维护和保养

1. 日常保养项目、内容

定期对液位仪、透气孔等进行检查，清扫场地。

2. 定期维护项目、内容

（1）每年清洗、消毒一次，检验合格后方可投入运行。

（2）先将清水池水位降至下限运行水位后再进行清洗；清洗用水排至下水道。

（3）地下水位较高的地区，地下清水池设计中未考虑排空抗浮的，清洗前必须采取降低清水池四周地下水位的措施，防止清水池清洗过程中浮起。

（4）每月对阀门检修一次；每季对长期开、关的阀门操作一次，液位仪检修一次。

（5）液位仪校验应根据校验周期进行；机械传动水位计宜每年进行校对和检修一次。

（6）每年对水池内壁、池底、池顶、通气孔、液位仪、伸缩缝等检查一次，油漆铁件一次。

3. 大修理项目、内容、质量

（1）每5年将阀门解体，更换易损部件，对池底、池顶、池壁伸缩缝进行全面检修。

（2）清水池大修后，必须进行满水试验，渗水量应按设计水位下浸润的池壁和池底总面积计算，钢筋混凝土清水池不得超过 $21/m^2 \cdot d$，砖石砌体水池不得超过 $31/m^2 \cdot d$。满水试验时，地上部分应进行外观检查，发生漏水、渗水必须修补。

三、清水池运行的安全操作

1. 水位控制

（1）清水池必须装设液位仪，宜采用在线式液位仪连续检测。

（2）严禁超上限或下限水位运行，清水池宜每周运行至下限水位1次。

2. 卫生防护

（1）清水池顶不得堆放污染水质的物品和杂物。

（2）清水池顶种植植物时，严禁施放各种肥料。

（3）检测孔、通气孔和人孔应有预防水质污染的防护措施。

（4）清水池应定期排空清洗，清洗完毕经消毒合格后方能蓄水。清洗人员须持有健康证，清洗工作必须2人以上方可入池。

3. 排水

（1）严禁将清水池的排空、溢流管道直接与下水道连通。

（2）汛期应保证清水池四周的排水畅通，防止污水倒流和渗漏。

能力拓展训练

一、填空题

1. 给水系统中，流量的调节构筑物有（　　）、（　　）、（　　）和（　　）等。

2. 清水池的有效容积由（　　）、（　　）、（　　）和（　　）组成。

3. 清水池的维护和保养分（　　）、（　　）和（　　）。

二、选择题

1. 清水池是调节（　　）与（　　）之间的流量不平衡。

A. 一级泵站　　　　　B. 用户　　　　　C. 二级泵站　　　　　D. 加压泵站

2. 水塔是调节（　　）与（　　）之间的流量不平衡。

A. 一级泵站　　　　　B. 用户　　　　　C. 二级泵站　　　　　D. 加压泵站

3. 清水池有效容积内的消防贮量一般按（　　）消防历时来确定的。

A. 10 分钟　　　　　B. 1 小时　　　　　C. 2～3 小时　　　　　D. 24 小时

三、简答题

1. 清水池和水塔在给水系统中有何作用？

2. 清水池的有效容积由哪几部分组成？

3. 试绘图说明清水池的配管要求。

4. 请简述清水池的维护和保养工作内容和要求。

5. 请简述清水池的安全操作规程。

项目6
消毒工艺的运行与管理

【项目概述】

> 本项目主要介绍消毒的基本知识、常用消毒的方法及消毒设施的运行维护管理的基本要求。

【学习目标】

> 通过本项目的学习，使学生能够复述常用消毒的方法及各自工艺系统的组成；说出氯消毒的原理；能够明确消毒工艺的运行与设施的维护管理。

【学习支持】

> 水源水质及水质标准、给水处理基本方法、常规水处理工艺。

任务 6.1 认知消毒的基本理论

一、消毒的目的和常用消毒方法

（一）消毒的目的：为了使水质符合细菌学标准，水经过滤后还必须消毒。某些地下水可不经净化处理，但通常仍需消毒。其最终目的是防止病原体播散到社会中，引起流行发生。

（二）消毒方法

目前水处理消毒技术有化学消毒、物理消毒和生物消毒三大类。

1. 化学消毒：是目前广泛采用的消毒技术，主要包括氯消毒、臭氧消毒、二氧化氯消毒、氯胺消毒等。

2. 物理消毒

紫外线消毒、超声波消毒以及电场消毒。

3. 生物消毒：传统的生物消毒主要利用某些微生物机体本身对致病微生物进行消毒灭菌，但效率较低且成本高。目前多采用一些以某种有消毒特性酶为主要活性成分的生物消毒剂进行消毒。

生物消毒技术虽然目前还没有广泛应用，但作为一种符合人类社会可持续发展理念的绿色环保型水处理消毒技术，具有成本相对低廉、理论相对成熟、研究方法相对简单的优势，故应用前景广阔。

二、消毒的原理

氯在常温下为黄绿色气体，具有强烈刺激性及特殊臭味，氧化能力很强。在 6～7 个大气压下，可变成液态氯，体积缩小 457 倍。液态氯灌入钢瓶，有利于贮存和运输。氯与水反应时，生成次氯酸（HClO）和盐酸（HCl），氯的灭菌作用主要是靠次氯酸，因为它是体积很小的中性分子，能扩散到带有负电荷的细菌表面，具有较强的渗透力，能穿透细胞壁进入细菌内部。氯对细菌的作用是破坏其酶系统，导致细菌死亡，而氯对病毒，主要是起破坏核酸的致死性作用。

任务 6.2　认知氯消毒

一、氯消毒原理及消毒方法

氯消毒的方法目前主要采用的是液氯消毒、氯胺消毒和二氧化氯消毒。

（一）液氯消毒

1. 氯作为消毒剂开始应用于生活饮用水消毒，使水中由病源性微生物引起的死亡率和肠道传染病的发病率大大下降，并且由于其具有高效持续、价廉、使用方便等优点，迅速被世界各国广泛应用。

2. 原理：氯气是一种黄绿色气体，具刺激性，有毒，极易被压缩成琥珀色的液氯。氯可溶于水，溶解度 7.3g/L，氯消毒是通过氯溶于水后水解生成次氯酸（HOCl），并进一步解离成次氯酸根（OCl⁻），这两个强氧化基团可联合破坏细菌的蛋白质系统（包括酶系统、DNA 及 RNA），以此达到灭菌的效果，其中 HOCl 起到主要的消毒作用。

（二）氯胺（NH_2Cl）消毒

1. 传统的氯化消毒具有价格低廉、杀菌能力强，且技术成熟等优点，消毒剂本身对饮用水的安全性有一定的影响，提高饮用水的安全性成为当前首要任务，即在保证饮用水微生物安全性的同时尽可能地降低化学物质带来的健康风险，氯胺因而走进了人们的视线。目前，氯胺消毒在美国的水厂中所占的比例为 29.4%，仅次于氯消毒。

2. 氯胺消毒原理：是氯化消毒的中间产物，其中具有消毒杀菌作用的只有氯胺和二氯胺。纯的氯胺是一种无色的不稳定的液体，沸点为 −66℃，能溶于冷水，也能溶于乙醇，微溶于四氯化碳和苯。氯胺的消毒作用是通过缓慢释放次氯酸而进行的。典型的次氯酸和水中的氨及其氮化衍生物的反应为：

$$NH_3 + HClO \Longrightarrow NH_2Cl + H_2O;$$
$$NH_2Cl + HClO \Longrightarrow NHCl_2 + H_2O;$$
$$NHCl_2 + HClO \Longrightarrow NCl_3 + H_2O。$$

但氯胺消毒效果比自由氯和其他消毒剂都差些。

（三）二氧化氯消毒

1. 二氧化氯是一种强氧化剂，它在给水处理中的主要作用是脱色、除臭、除味，控制酚、氯酚和藻类生长，氯化无机物和有机物，特别是在控制三卤化物的形成和减少总有机卤方面，与氯相比具有优越性。

2. 消毒机理主要在于其强大的氧化性，它能进入微生物体内，破坏微生物的酶和蛋白质。尤其在低浓度时，ClO_2 比氯更易进入微生物体内，同等条件下灭菌机会更大。其理论氧化能力是氯的 2.5 倍，杀菌能力是氯的 5 倍，是次氯酸钠的 50 倍以上。

二、加氯量与余氯量

消毒时在水中的加氯量，可以分为两部分，即需氯量和余氯。

（一）加氯量的定义

加氯量：是指需氯量与余氯量之和。

1. 需氯量：对于生活饮用水工艺而言，原水加氯后经过一定时间接触，用于灭活水中微生物、氧化有机物和还原性物质等所消耗的氯量，即在满足杀灭细菌以达到指定的消毒指标和氧化有机物等需消耗的氯量称为需氯量。

2. 余氯量：指为抑制水中残存致病菌的再度繁殖，管网中尚需维持少量的剩余氯量。

（二）加氯量的控制

我国生活饮用水卫生标准规定出厂水游离余氯在接触 30min 后不低于 0.3mg/L，管网末梢不低于 0.05mg/L。后者的余氯量虽然仍具有消毒能力，但对再次污染的消毒尚嫌不足，而可作为预示再次污染的信号。此点对于管网较长枝状管网有死水端的情况，尤为重要。

氯化消毒时，同时，投加量过高易产生致癌物质三氯甲烷、四氯甲烷等。因此，在水处理过程中正确控制加氯量是至关重要的。

加氯量的确定是按末梢管网的余氯量及水厂的生产能力相配合确定的，要看水厂有多大，一天生产的水有多少，管网的长度等来确定。

（三）案例

以桂林某水厂为例：

水厂液氯消毒，为滤前、滤后两次投加。

余氯控制：滤前加氯应保证沉淀出水游离余氯≥0.05mg/L 或总余氯 0.2~0.6mg/L；滤后投加时接触时间≥30min 或按快速氯化消毒原理投加。

出厂水游离余氯 0.3~1.0mg/L，如果测总余氯，则总余氯 0.6~1.0mg/L。

三、氯消毒工艺

氯消毒工艺通常为滤前加氯和滤后氯两种情况。无论哪种情况均需要加氯设备、加氯间、降温及施爆设施。对氯采用液氯消毒还需要设置存贮氯瓶的氯库。

其工艺流程为：

氯瓶（带电子秤）—过滤器—自动切换器—减压阀—真空调节器—加氯机—水射器—加氯点。

（一）滤前加氯（预氯化）

1. 定义

当原水藻类或细菌较多时，在投加混凝剂时同时加氯的工艺。这些氯化法称为滤前氯化或预氯化。

2. 作用

（1）可氯化水中的有机物，提高混凝效果。

（2）预氯化还能防止各类构筑物中滋生青苔和延长氯消毒的接触时间，使加氯量维持在一定范围内，以节省加氯量。

（3）当铁作为混凝剂时，可以同时加氯，将亚铁氧化成三价铁，促进硫酸亚铁的凝聚作用。

（二）滤后加氯

1. 定义

在过滤之后投加氯的消毒工艺。水中因消耗氯的物质已经大部分去除，所以加氯量很少。滤后消毒为饮用水处理的最后一步。

2. 作用

（1）为控制致病微生物的传播，消灭病原体；

（2）因为城市管网延伸很长，管网末梢的余氯难以保证时，需要在管网中途补充加氯。这样即能保证管网末梢的余氯，又不致使水厂附近管网中的余氯过高。管网中途加氯的位置一般都设在加压泵站或水库泵站内。

任务 6.3　消毒设施的运行管理

一、加氯消毒系统的组成

加氯消毒系统主要由加氯设备、加氯间和氯库等组成。

1. 加氯设备

（1）种类：分人工和自动两类。

人工操作的加氯设备主要包括加氯机（手动）、氯瓶和校核氯瓶重量（也叫校核氯重）的磅秤等。

自动检测和自动加氯设备：除了加氯机（自动）和氯瓶外，还相应设置了自动检测（如余氯自动连续检测）和自动控制装置。

（2）加氯机（见图 6-1、图 6-2）

1）定义：加氯机是安全、准确地将来自氯瓶的氯输送到加氯点的设备。自动加氯机配以相应的自动检测和自动控制设备，能随着流量、氯压等变化自动调节加氯量，保证了制水质量。

2）形式：加氯机形式很多，可根据加氯量大小、操作要求等选用。

图 6-1　加氯机　　　　　　　　　　　　图 6-2　投矾计量泵

（3）氯瓶（见图 6-3）

是一种储氯的钢制压力容器。干燥氯气或液态氯对钢瓶无腐蚀作用，但遇水或受潮则会严重腐蚀金属，必须严格防止水或潮湿空气进入氯瓶。氯瓶内保持一定的余压也是为了防止潮气进入氯瓶，形成负压。

（a）　　　　　　　　　　　　　　（b）

图 6-3　加氯正压系统

（4）二氧化氯发生器（见图 6-4、图 6-5）

1）类型

二氧化氯是一种新型高效的消毒剂，作为消毒用产品，国内市场上已经有成品即稳定性二氧化氯水溶液，还有可以现场制备二氧化氯水溶液的二氧化氯发生器。

2）组成

二氧化氯发生器由供料系统、反应系统、吸收系统、控制系统和安全系统构成。设备外壳多为给水用优质防腐 PVC 材料。

图 6-4　二氧化氯发生器

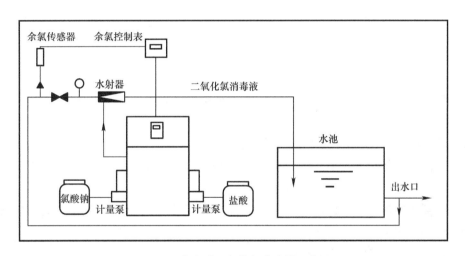

图 6-5　全自动二氧化氯发生器示意图

3）发生方法

二氧化氯发生器，其发生方法有化学法和电解法两大类。电解法二氧化氯发生器的缺点在于耗电大，运行费用高，产生的二氧化氯含量低，故障率高等，因此已逐渐被市场淘汰。目前市场上主要是化学法二氧化氯发生器，按其生产工艺不同分为复合型二氧化氯发生器和高纯型二氧化氯发生器。

2. 加氯间、氯气库

（1）定义

加氯间是安置加氯设备的操作间。

氯库是储备氯瓶的仓库。

（2）设置要求

加氯间和氯库可以合建也可以分建。由于氯气是有毒气体，故加氯间和氯库位置除了靠近加氯点外，还应位于主导风向下方，且需与经常有人值班的工作地点隔开。加氯间和氯库在建筑上的通风、照明、防火、保温等应特别注意，还应设置一系列安全报警、视频监视、事故处理设施等。

二、加氯工艺运行

运行人员应定时巡视加氯系统，监视各项运行参数，出现异常及时处理。具体如下：

（1）运行中，操作人员应定期（每 60min 一次）测定沉淀水和出厂水的游离余氯含量并及时作好记录。

（2）根据沉淀池水、出厂水游离余氯或总余氯含量及处理水量变化情况及时调整投氯量，以保证消毒效果和避免浪费。

（3）定期巡查加氯设备，加氯管道及投氯点，发现异常及时处理或向有关人员报告。

（4）当切换装置自行完成切换后，应及时更换氯瓶，并打开全部相应阀门使处于备用状态。

（5）当在线余氯测试仪的余氯显示与比色测定值误差＞0.1mg/L 时应及时请技术员对其调零和标定。

（6）停止运行。关闭氯瓶出氯阀门，待加氯机转子下降至"0"后关闭加氯机电源和水射器。

（7）注意事项：

1）严格执行加氯机运行操作顺序，熟记先开水射器阀，后开氯气阀，先关氯气阀，后关水射器阀。

2）开启氯瓶阀时，要轻缓，严禁使用加力扳手。

3）加氯岗位应备有检修工具，防毒面具及氨水和需用的备品备件，以便出现意外时及时检修。

4）用氯量较大时，液氯蒸发较快，氯瓶温度下降较剧，瓶外结霜，此时应用鼓风机对着氯瓶吹风，提供氯的气化热，严禁淋水。

5）运行中应定期打开过滤器底部旋塞，清除积渣。

三、加氯设施的维护和保养

消毒设施（不包括臭氧消毒设施）的维护保养通常分为：日常保养、定期保养及大修理三种情况。

（一）日常保养项目、内容，应符合下列规定：

1. 应每日检查氯瓶（氨瓶）针形阀是否泄漏，安全部件是否完好，并保持氯、氨瓶清洁。

2. 应每日检查台秤是否准确，并保持干净。

3. 加氯机（加氨机）：应随时检查、处理泄漏，并应每日检查调整密封垫片，检查弹簧膜阀、压力水、水射器、压力表和转子流量计是否正常，并擦拭干净。

4. 应每日检查蒸发器电源、水位、循环水泵、水温传感器、安全装置等是否正常并保持清洁。

5. 输氯（氨）系统：应每日检查管道、阀门是否漏氯（氨）并检修。

6.起重行车：应定期或在使用前检查钢丝绳、吊钩、传动装置是否正常并保养。

（二）定期保养项目、内容，应符合下列规定：

1.氯（氨）瓶应符合现行的行业标准《压力容器安全技术监察规程》的规定。可委托氯气生产厂在充装前进行维护保养。

2.加氯（氨）机：应每月清洗转子流量计、平衡箱、中转玻璃罩、水射器，检修过滤管、控制阀、压力表等。

3.蒸发器应按设备供货商规定的要求进行检查检修。

4.输氯（氨）系统管道阀门，应定时清通和检修一次。

5.起重行车，应符合现行的国家标准《起重机械安全规程》的规定。

（三）大修理项目、内容、质量，应符合下列规定：

1.台秤应每年彻底检修一次，并校验、油漆。

2.氯（氨）瓶应每年交由氯（氨）气生产厂家进行彻底的检修一次，并油漆。

3.加氯（氨）机，应每年更换安全阀、弹簧膜阀、针型阀、压力表，并进行标定和油漆（进口自动加氯机应根据产品说明书要求维护保养）。

4.应每年对蒸发器内胆用热水清洁、烘干，检查是否锈蚀，并对损坏部件进行调换，检修电路系统（进口蒸发器应根据产品说明书要求维护）。

5.输氯（氨）系统的管道阀门，应每年检修一次。

6.加氯房、氯库的墙面，应3年清洗一次，门窗油漆一次，铁件应每年进行油漆防腐处理。一般使用的氯瓶均为500kg或1000kg重量卧式钢瓶，使用时须用起重器具（或用手推动）使其平卧于钢瓶架上或磅称台上，并使其两个出氯阀门成竖直上下位置。

四、加氯设施的安全操作

（一）氯瓶

1.换氯气管活接头的密封铅垫必须完好并将其对接于氯瓶的上出氯阀上，旋紧。调整游码平衡磅秤，记录重量。

2.用氯时，用专用工具或活动扳手轻轻开启氯阀，一般只须旋开1~2转即可，立即用氨水查漏。

3.当氯瓶中只余下10kg液氯或氯压≤0.1MPa时应及时更换。

（二）真空加氯机

1.启动。

2.开启水射器压力水进水阀，使系统形成真空。

3.接通切换装置电源，手动操作使其接通A组（或B组）氯气气源，然后重新置于自动状态。

4.打开A组（或B组）氯瓶至真空调节器全部阀门。

5.接通加氯机电源，在控制器面板上通过按键选择某种"自动"运行方式，并按键入各项参数，确认后即自动投入运行。

（三）二氧化氯

1. 设备运行前的检查

设备运行前必须认真检查以下几点：

（1）打开动力水阀门，将水压调至 0.2～0.6MPa，并保证水压稳定。

（2）检查设备各部件是否正常，有无泄漏。

（3）检查各阀门开关位置是否正确，开启是否灵活好用。

（4）检查安全阀，是否漏气。

（5）从加水口给设备加满水。

（6）接通电源，将自控旋钮转到自控档位，调整各设定参数达到正常值。

（7）检查计量泵接线是否正确，安装是否牢固，各管道连接是否正确。

2. 设备运行启动

（1）打开动力水阀门，将水压调至 0.2～0.6MPa，使水射器正常工作。

（2）接通电源开关，将自控旋钮转到自控档位，设备开始运行。将自控接通温控器电源，设定加温参数。

（3）接通计量泵电源，如果计量泵管道中有空气，应先排出空气，然后调节计量泵冲程长度和冲程频率，使之达到所需流量。这时设备即正常运行，可以听到设备内有鼓泡曝气声。

3. 滴定阀的流量调节

应根据水中余氯量的大小来修正滴定阀流量。如果设备运行一段时间后，水中余氯较高，可将流量适当调低；如果余氯不够，可适当加大流量。滴定阀的流量可通过调节滴定阀上部的旋钮来调节。在调节流量时，要缓慢细调滴定阀，两个滴定阀开度要一致。

4. 关机

关机时，应提前 1～2 小时关闭计量泵，停止加料并断开电源。但水射器应继续工作，将设备中已产生的气体抽完，防止反应所产生的气体外溢。停机抽汲 1～2 小时后再关闭动力水，将水射器停止工作，设备关机，同时关闭压力表下面的控制阀。

能力拓展训练

一、填空题

1. 氯消毒的主要成分为（　　　）。

2. 给水厂中，加氯点常常设置在滤池（后），用来去除水中的微生物。

3. 消毒方法有：（　　）、（　　）、（　　）、（　　）、（　　）和（　　）等。

4. 二氧化氯设备关机时，应提前（　　）小时关闭计量泵，停止加料并断开（　　）。

5. 消毒设施（不包括臭氧消毒设施）的维护保养通常分为：（　　）、（　　）及（　　）三种情况。

二、选择题

1. 目前最常用的消毒剂为（　　）。

A. 氯气　　　　　　　B. 臭　　　　　　　C. 高锰酸钾　　　　　　D. 紫外

2. 水处理消毒方法是在水中投入（　　　）或其他消毒剂杀灭致病微生物。

A. 硫酸　　　　　　　　B. 氧化剂　　　　　　　　C. 氯气　　　　　　　　D. 硫酸亚铁

三、简答题

1. 目前水的消毒方法主要有哪几种？简要评述各种消毒方法的优缺点。

2. 什么叫余氯？余氯的作用是什么？

3. 制取 ClO_2 有哪几种方法？写出它们的化学反应式并简述 ClO_2 消毒原理和主要特点。

项目 7
高浊度水处理工艺的运行与管理

【项目概述】

本项目主要介绍高浊度水的水质特点、处理工艺流程及其相应运行管理中的基本知识和管理操作技能。

【学习目标】

通过本项目的学习，使学生能够复述高浊度水的水质特点和处理工艺流程；复述调蓄、挖泥、排泥设施的安全操作要求。初步具备定时分段排泥、维护保养挖泥和排泥设施、安全操作高浊度水处理设施的能力。

【学习支持】

地表水处理典型工艺流程、沉淀、澄清处理原理及其作用。

任务 7.1 熟悉高浊度水处理技术

一、高浊度水的来源及水质特点

1. 高浊度水的来源

高浊度水是指浊度较高的含砂水体，并且具有清晰的界面分别沉降。通常情况下指粒径不大于 0.025mm 为主组成的含砂量较高的水体。例如黄河流域，见图 7-1。

我国的高浊度水主要指流经黄土高原的黄河干、支流的河水。黄土高原沟壑地区，植被差，汛期暴雨集中，降雨强度大，水土流失极为严重，成为黄河干、支流泥沙的主要来源，见图 7-2。

图 7-1　黄河流域地貌

图 7-2　黄河水

2. 高浊度水的水质特点

高浊度水沉淀时属于拥挤沉降形式，浑液面沉降缓慢，且泥沙浓度愈高沉淀愈小。黄河下游个别河段，属于游荡性河流，河水经常摆动，特别是洪水过后，主流会大幅度摆动，常导致取水口脱流，取不上水。为了保证取水，在取水口脱流区，应贮有足够的水以供所需。

二、高浊度水处理工艺流程

高浊度水处理的特点是在常规处理工艺前增加预处理工艺。

预处理，就是先用沉淀的方法将水中绝大部分泥沙除去，深沉淀处理后的水的浑浊度（泥沙含量）降到几百 NTU 以下，再用常规工艺对其做进一步处理，从而获得符合国家生活饮用水卫生标准的水。

1. 用辐流式沉淀池做预处理的高浊度水处理工艺

高浊度水先经辐流式沉淀池。辐流式沉淀池可以用于高浊度水的自然沉淀，也可用于絮凝沉淀。但由于辐流式沉淀池皆为钢筋混凝土的结构，造价较高，故较多的用于效率较高的絮凝沉淀。

当采用絮凝沉淀时，在高浊度水流入沉淀池以前向进水管中投加高分子絮凝剂，水与药剂在进水管道中混合，流经设于池中心的布水管，进入沉淀池进行沉淀。沉淀后的水浊度可降至几百 NTU 甚至几十 NTU，这时再用常规工艺处理，即向水中投加混凝剂，经混合、絮凝、过滤、投氯消毒，即可获得合格的处理水。

2. 用贮水池做预处理的高浊度水处理工艺

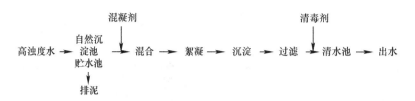

一般将贮水与自然沉淀结合起来，即将自然沉淀池扩大为贮水池。水在贮水池中经长时间沉淀，可使沉淀效果进一步提高，使后续的常规处理更好地进行。

3. 采用澄清池的高浊度水处理工艺

对于中、小型水厂，当高浊度水的含沙量不高时，采用适用于高浊度水处理的澄清池，可以简化处理流程，降低建设费用。

三、污泥的处理

为了减轻下游河床的淤积，保证洪水期两岸堤坝安全，不准将未经处置的排泥水直接排入河道，对于泥砂处置可以采取相应措施来合理利用，如高浊度水的预处理沉淀池河岸边取水口旁，由水厂排出的泥水可以直接抽送到堤坝进行淤坝，以加高加宽堤坝；在岸边空地沉淀淤积、干化，供制砖厂使用；在水厂附近淤田造田，且泥沙吸附了有机物和营养物质，故用于淤田可以提高农田肥力。

任务 7.2 高浊度水处理工艺的运行与管理

当水源水正处高浊度时期，浊度高，水量大，存在滤前水浊度过高，影响滤池的接触混凝和渗透过滤，处理不好有可能出现出厂水浊度超标的水质事故。因此合理利用预沉池、沉淀池、滤池，特别注意掌握混凝剂的类型与剂量，以及水体的碱度等，强化净水处理，混凝以预沉池为主，沉淀池为辅。在制水、水质检验和应急管理等方面，做好高浊度水处理工艺的运行和管理工作，才能确保处理后的水质符合国家生活饮用水卫生标准。

一、制水方面的管理

1. 合理选择混凝剂和助凝剂，在整个高浊度强化净水处理过程中，在预沉（沉砂）池前一般投加聚丙烯酰胺（PAM）助凝剂，或将 PAM 和聚硫酸亚铁联合投加。混凝剂一般采用聚氯化铝（PAC）、聚硫酸亚铁、三氯化铁，投加量一般根据原水的浊度、温度经试验确定。采用两点投药，混凝剂的剂量控制在 1.2%～2.5%。PA 投加量一般在 20～80mg/L，PAM 投加量一般在 0.5～1.5mg/L。

2. 合理设置滤池自动化反冲洗的编程，调整气冲、气水混冲、水冲、表洗等多种冲洗方式，对滤池进行联合反冲洗。

3. 定时清洗预沉池，清除墙体的积泥和藻类等物及池底的积泥和沙，定时分段排泥。根据进水量和浊度变化及时调控混凝剂及消毒剂的投加量。沉淀池出水浊度控制在 2～5NTU，控制好出厂水的两项主要指标：出厂水浊度≤0.30NTU；出厂水余氯 0.60～1.00mg/L。

4. 合理确定排泥方式，大中型水厂沉淀池排泥一般采用机械方式，中小型水厂多采用小斗快开阀方式排泥，效果良好。斜管沉淀池采用穿孔管排泥，管径 200mm，管长小于 7m，前端开孔直径 35mm，后端开孔直径 50mm，使用效果尚可。

采用机械排泥时，通常沉淀池的吸泥机采用泵吸虹吸式吸泥机，并在吸泥机上安装泥位浓度梯度检测仪。通过对泥位梯度变化的检测，控制吸泥机的泵吸虹吸运行选择，提高排泥浓度。在沉淀池的起端和末端易受水流影响的地方，一般排泥浓度较高，可通过程序控制结合泥位梯度检测结果，在局部区域多次往复，直至达到排泥浓度的要求。需注意沉淀池的排泥时间和排泥量都随原水的浊度和泥沙沉降特性而变化，而不是一味地保持不变。

平流式沉淀池采用吸泥机排泥时，实行定时启动吸泥机械沿池长全程吸除池底积泥的自动排泥方式。由于平流沉淀池的池底沉泥主要集中在靠近絮凝池的前端。因此沉淀池后端池长范围泥位较低，全池长吸泥会导致平流沉淀池的排泥水量消耗较多，同时排出的泥水往往含固率低。将吸泥机沿整个池长全程排泥方式，调整为按池底积泥规律进行分段排泥的方式。具体做法：在吸泥机下端离池底适当高度处设置超声波污泥界面监测仪，当沉淀池前端池长处池底积泥达一定厚度时，污泥界面监测仪自动启动吸泥机吸除前端池长范围的池底积泥；沉淀池后端池长范围因积泥较少可设定在前端池长范围吸泥机自动按泥位启动吸泥，往返二或三个排泥行程后，再沿整个沉淀池长度全程运行排泥一次。这样的智能化自动分段排泥方式可显著减少排泥水量，节水节能，提高含固率，还能相应减少排泥水调节池浓缩池等的基建和运行费用。

二、水质检验方面管理

1. 高浊度水处理工艺中，化验室全程监控净水处理过程，化验员日常现场检测：原水浊度、预沉池浊度、沉淀池浊度、每口滤池的滤后水浊度、出厂水浊度、出厂水余氯等，原则上每 2 小时检测一次；pH 值、总碱度、色度、肉眼可见物、细菌总数、总大肠菌群、粪大肠菌群、耗氧量、氨氮等项目每日检测一次。水质检验数据及时反馈制水车间。

2. 对出厂水是否达到符合国家生活饮用水卫生标准，应该以水质检验的数据为准。把水质检验与净水处理工作结合起来，以出水水质的检验数据控制整个水处理工艺的运行。

三、预沉池运行应急管理措施

针对汛期越来越频繁的高浊度原水，必须采取相应的高浊度原水应急预警措施，建立应急预案，提高供水安全性，避免人员操作不当，造成水质事故。应建立预沉池应急管理措施。

1. 汛期发生泥石流、山体滑坡的几率很大，取水口的工作人员应密切注意和记录天气预报，当报道有连续暴雨时，应密切关注上游原水浊度的变化和相关报道，及时通知水厂做好准备。

2. 当高浊水进水期间预沉池投入使用后，应密切监控预沉池进出水水质浊度指标。当进水浊度大于3000NTU时，就应采取连续排泥措施，并密切关注出水浊度，同时调节聚丙烯酰胺的投加量；当预沉池出水浊度大于500NTU时，应及时与取水口进行联动，逐步减少水厂进水量，从而控制预沉池进水量，保证预沉池后出水水质。特殊条件时，在满足后续构筑物的最大进水浊度要求前提下，可提高预沉池的出水浊度。

能力拓展训练

一、填空题

1. 高浊度水是指浊度较高的（　　　），并且具有清晰的界面（　　　）。

2. 高浊度水沉淀时属于（　　　）形式，浑液面沉降（　　　），且泥沙浓度愈高沉淀（　　　）。

3. 高浊度水处理的特点是在常规处理工艺前增加（　　　）。

二、选择题

1. 在预沉（沉砂）池前一般投加聚丙烯酰胺（PAM）助凝剂，或将PAM和聚硫酸亚铁联合投加。混凝剂一般采用（　　　）。

    A. 聚氯化铝（PAC）　　　　　　　　B. 聚硫酸亚铁

    C. 三氯化铁　　　　　　　　　　　　D. 氯化铝

2. 定时清洗预沉池，清除墙体的积泥和藻类等物及池底的积泥和沙，定时分段排泥。根据（　　　）变化及时调控混凝剂及消毒剂的投加量。

    A. 进水量　　　　　　　　　　　　　B. 浊度

    C. 温度　　　　　　　　　　　　　　D. 进水量和浊度变化

3. 针对汛期越来越频繁的高浊度原水，必须采取相应的高浊度原水（　　　），建立（　　　）。

    A. 应急预警措施　　　B. 应急预案　　　C. 阻断进水　　　D. 阻断出水

三、简答题

1. 高浊度水有哪些特点？

2. 高浊度水处理工艺中的污泥有哪几种处理方式？

3. 高浊度水处理工艺流程有哪几种？各有什么特点？

4. 预沉池运行应急管理措施有哪些？

项目 8
给水泵站的运行管理

【项目概述】

> 本项目主要介绍给水泵站的基本知识及其及运行管理操作技能。

【学习目标】

> 通过本项目的学习，使学生能够复述水泵的作用与分类；能说出叶片泵的构造与性能；能说出离心泵的工作原理与构造组成；能够复述给水泵站的组成及分类；能复述给水泵站内的主要设施及其作用；能说出停泵水锤发生原因及防护措施；能分析给水泵站的重要性及对后续给水管网能否正常供水的影响；能够胜任给水泵站日常运行管理、设备维护等工作，对给水泵站内常见故障进行分析、判断和解决，保证给水泵站的正常运行。

【学习支持】

> 叶片式水泵、给水泵站、给水泵站日常运行管理与维护。

任务 8.1 熟悉给水水泵

问题的提出

"水往低处走"这句话对吗？千千万万的高楼大厦内的生活用水、消防用水等是依靠什么动力进入千家万户的呢？

一、水泵的定义及分类

（一）水泵的定义

水泵是输送和提升液体的一种水力机械，能量转换的机械，把动力机的机械能转换（或传递）给被输送水体，使水体获得动能或势能。能量转换形式为：电能→机械能→压能（势能）。泵站是给排水系统的核心，对城市给排水的正常运行起着非常关键的作用，另外泵站还承担着城市的调水和供水、防洪除涝、灌溉等重任。

（二）水泵的分类

由于水泵在国民经济各部门中应用很广，品种系列繁多，对其分类的方法也各不相同，按其作用原理可分为以下 3 类：

1. 叶片式水泵

叶片式水泵靠泵内高速旋转的叶轮将动力机的机械能转换给被抽送的水体。叶片式水泵主要有离心泵、轴流泵和混流泵，分别见图 8-1～图 8-3。

图 8-1　离心泵

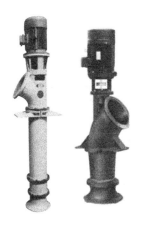

图 8-2　轴流泵　　　　　　　　图 8-3　混流泵

离心泵是靠叶轮高速旋转产生的惯性离心力的水泵。由于扬程高，流量范围广，因而获得广泛应用。

轴流泵是靠叶轮高速旋转产生的轴向推力而工作的水泵。由于扬程较低，流量较大，多用于低扬程大流量的抽水环境中。

混流泵是靠叶轮高速旋转既产生惯性离心力又产生轴向推力而工作的水泵。它的适用范围介于离心泵与轴流泵之间。

2. 容积式水泵

容积式水泵对水体的压送是靠泵体工作室容积周期性变化来转换能量的。容积式水泵根据工作室容积周期性变化方式有往复运动和旋转运动两种。属于往复运动这一类的如活塞式往复泵、柱塞式往复泵等，见图 8-4；属于旋转运动这一类的如转子泵等，见图 8-5。

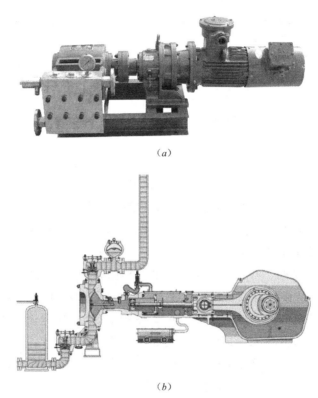

（a）

（b）

图 8-4 往复泵

（a）往复泵外形；（b）往复泵结构示意图

3. 其他类型泵

这类泵是指除叶片式泵和容积式泵以外的特殊泵，属于这一类的主要有螺旋泵、射流泵（又称水射泵，见图 8-7）、水锤泵、水轮泵以及气升泵（又称空气扬水机）等。其中除螺旋泵（见图 8-6）是利用螺旋推进原理来提高液体外，其他各种水泵都是利用高速液流或气流的能量来输送液体的。在给排水工程中，结合具体应用条件，应用这些特

图 8-5 转子泵

殊泵来输送水或药剂（混凝剂、助凝剂、消毒剂）时，常常能起到良好的效果。

图 8-6　螺旋泵

图 8-7　射流泵

二、叶片泵构造与性能

除了之前介绍的离心泵、轴流泵、混流泵之外，在给水排水工程中常用的叶片泵还有深井泵、潜水泵、污水泵和管道泵等多种类型。

1. 深井泵

深井泵是用来从深井中提取地下水的设备，供以地下水为水源的城市、工矿企业及农田灌溉之用。深井泵是从井中提水的叶片泵，长轴深井泵是深井泵中应用较为广泛的一种泵，一般多用于机井。深井泵主要由三部分组成：见图 8-8 (a)、(b)，即泵体（包括进水滤网）部分；扬水管和传动轴部分；泵座和电动机部分。泵座和电动机部分位于井上，其余部分淹没在井水面以下。

泵体部分主要由滤网、叶轮、导流壳、泵轴和橡胶轴承等组成，是泵的工作部分。其中，滤网是用来防止砂石等杂物进入水泵；叶轮可以有多个固定于同一根竖直的传动轴上；导流壳是深井泵的重要过流部件，下导流壳用来连接中导流壳和滤网吸水管，把水流导向叶轮；上导流壳用来连接中导流壳和扬水管，并把叶轮甩出的水引向扬水管。此外，在上、中、下导流壳中心座孔内部装有用水润滑的橡胶轴承，以支承泵轴并防止摆动和减少摩擦。水泵运行时，水由滤网吸水管进入下导流壳流入第一级叶轮，使水的能量增加，通过中导流壳将水引进下一级叶轮，这样水流经过逐级加压后，最后由扬水管排出。

扬水管和传动轴部分主要由扬水管、传动轴、轴承支架、橡胶轴承和联轴器等组成。扬水管由多节管段组成，管段与管段之间可用联管器连接。传动轴通过扬水管中心并由橡胶轴承支承。整个传动轴系由若干个短轴用联轴器连接成一根整轴。

泵座和电动机部分主要由泵座（包括出水弯管）和电动机等组成，起提供动力，承受重量作用。泵座一般与出水弯管铸成一整体，用出水法兰与井上输水管相连，电动机安装于泵座之上。

深井泵实际上是一种立式分段式单吸多级离心泵。它的淹没深度以保证泵的第一级叶轮浸入最低动水位以下 1～3m 为宜。泵体安装的最低位置，须保证滤水网距井底大于 1.5m，否则水泵将不能工作。深井泵的主要特点是第一级叶轮安装于动水位以下，启动前不需要灌水，电动机安装在井上，提水深度不受允许吸上真空度的限制，结构紧凑，

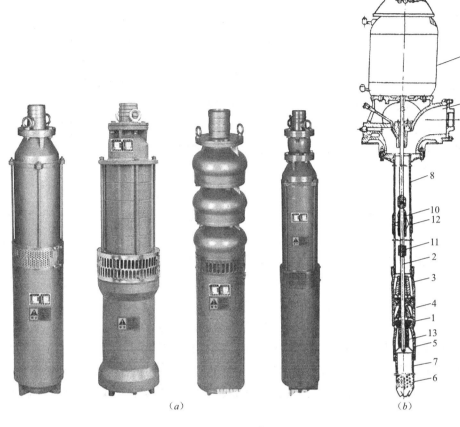

图 8-8　深水泵

(a) 深井泵外形；(b) 深井泵构造图

1—叶轮；2—传动轴；3—上导流壳；4—中导流壳；5—下导流壳；6—滤网；7—吸水管；8—扬水管；
9—泵底座弯管；10—支架橡胶轴承；11—联轴器；12—联管器；13—橡胶轴承；14—电动机

使用比较可靠。但由于采用长传动轴，安装精度高，检修困难。根据深井泵的结构特点，进行正确的使用，及时排除故障现象，对保证深井泵的安全运行，延长其使用寿命都是至关重要的。

2. 潜水泵

潜水泵（图 8-9）是将泵和电动机连在一起，完全浸没于水中工作的一种泵，故潜水泵电动机要有特殊构造。潜水泵按其用途分为给水泵和排污泵。潜水排污泵按其叶轮的形式分为离心泵、轴流式和混流式。在工矿企业和城镇给水排水工程中应用越来越广泛。

潜水泵按使用场合分为作业面潜水泵和深井潜水泵。作业面潜水泵主要用于从浅井、沟、

图 8-9　QJ 型潜水泵

塘、河、湖中提水，移动方便。深井潜水泵主要用于从深井中提水，提水高度大。

潜水泵按电动机防水方式分为干式潜水泵、半干式潜水泵、充油式潜水泵和湿式潜水泵。干式潜水泵：在电动机轴伸端采用机械密封或气垫密封装置，进行严密轴封，以阻止水浸入电动机内腔，保持机内干燥。但由于受密封结构的限制，浸入水下深度不能太大。半干式潜水泵：把电动机定子与转子用屏蔽罩分开，使定子密封起来，与水隔离，而转子在水中运行。由于屏蔽罩的存在，气隙增大，影响了电动机的性能，目前已很少采用。充油式潜水泵：在电动机内腔充满绝缘油，以阻止水和潮气侵害电动机绕组，并起绝缘、冷却、润滑作用。电动机的绝缘油可以是有压的，也可以是无压的。为防止油的外泄和水的浸入，轴伸端仍需采用密封装置。当密封失效后，会使水源污染，故不适合提取生活用水。此外，电动机转子在油中旋转，阻力较大，电动机效率较低。湿式潜水泵：电动机定子绕组采用防水绝缘导线。电动机内充满纯净的水，转子浸在水中运转，散热性能较好。这种泵对材质的要求较高，对部件的防锈蚀问题要求较严。

根据泵与电机的相对位置不同，潜水泵又可以分为上泵式和下泵式。上泵式潜水泵的泵在上面，电机在下面，这种结构大大减小了泵的径向尺寸，所以多用于井用潜水电泵和小型作业潜水电泵。下泵式潜水泵电动机在上面，泵在下面，它又分为内装式和外装式两种。内装下泵式潜水泵所输送的液体首先通过包围电动机的环形流道，使之冷却电动机后再流出泵压出口。这种泵即使在接近排干吸水池的情况下，也不必担心电机升温，故应用范围正在日益扩大。外装下泵式潜水泵则直接从叶轮后的压水室或导叶体出口处排出液体，电动机也被抽送的液体冷却。由于下泵式结构可以在较浅的液体中也能工作，故常用于作业面潜水电泵，尤其他是大口径潜水电泵的主要结构形式。下泵式潜水电泵的机械密封位于出口水流高压区，扬程越高，此处水压力越高，所以机械密封的性能受到扬程的控制。

潜水泵又称潜水电泵，按其应用场合和用途大体可以分为潜污泵，排沙潜水泵，清水潜水泵。QJ 型潜水泵见图 8-10，泵体的构造与深井泵基本相同，属于立式多段导叶式离心泵。通俗地讲就是一种泵和电机合二为一的输送液体的机械，它结构简单，使用方便。

（一）水泵型号的表示

由于目前我国对水泵型号的编制方法尚未完全统一，大多数水泵产品主要以汉语拼音字母表示水泵的结构类型和特征。例如：

1. 10sh-19A

10：表示水泵吸水口的直径为 10 英寸，1 英寸＝25.4mm；

sh：表示单级双吸卧式离心泵；

19：比转数为 190（表示比转数被 10 除的整数）；

A：叶轮切削了一档。

2. IS80-50-315A（B.C）-S1

IS：悬臂式单级单吸离心泵；

80：泵吸入口直径 80mm；

50：泵排出口直径 50mm；

315：叶轮名义直径 315mm；

A（B.C）：同型号叶轮第一（二、三）次切削；

S1：内装型机械密封（装填料密封不注）。

3. QXG400-9-15

QXG：潜水给水泵；

400：额定流量为 400m³/h；

9：额定扬程为 9m；

15：额定功率为 15kW。

（二）叶片泵的性能参数

叶片泵的性能参数通常被标注在水泵铭牌上，见图 8-10。水泵铭牌供人们识别和选用，主要参数有流量、扬程、功率、效率、转数和允许吸上真空高度等。

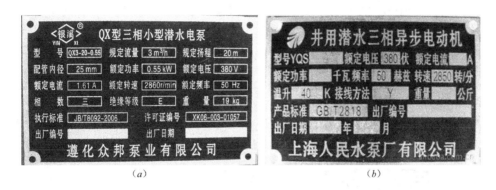

图 8-10 叶片泵的性能参数

（a）水泵铭牌；（b）电动机铭牌

1. 流量 Q

水泵的流量是指水泵在单位时间内所输送液体的体积或质量，常用的单位是 l/s、m³/s、m³/h、kg/s、t/s。

2. 扬程 H

扬程是指被输送的单位重量液体从水泵进口到出口所增加的能量，即单位重量液体通过水泵时所获得的有效能量，单位是 mH_2O、Pa、kPa、MPa。

3. 功率

功率包括轴功率 N 和有效功率 N_e。

轴功率 N：指水泵轴上的功率，表示原动机输送给水泵轴上的功率，常用单位为 kW。

有效功率 N_e：指水泵的输出功率，它表示单位时间内流过水泵的液体从水泵那里得到的能量。

4. 效率 η

效率是指有效功率 N_e 与轴功率 N 之比，它标志着水泵工作效能的高低，是水泵的一项重要经济指标。

水泵铭牌上的效率对应于通过设计流量时的效率，是水泵的最高效率，每一种型号的水泵，其效率都有一定的范围，超过这个范围，水泵的效率就会大大降低。一般要确保水泵在高效范围内运行。

5. 转速 n （r/min）

转速是指泵轴每分钟的旋转数，通常表示为每分钟的转数，单位为 r/min。铭牌上的转速为水泵的额定转速。一定的转速产生一定的流量、扬程等参数，当转速改变时，将引起其他性能参数的相应变化。

6. 允许吸上真空高度 $[H_s]$ 或汽蚀余量

允许吸上真空高度 $[H_s]$ 或汽蚀余量是表示叶片泵汽蚀性能的参数，单位是米水柱。在泵站设计时，用以确定水泵的安装高度。

三、离心泵

按泵轴上叶轮个数的多少或级数可分为单级泵和多级泵；按吸入方式可分为单吸泵和双吸泵，叶轮仅一侧有吸入口的称单吸泵，两侧都有吸入口的称双吸泵；按是否需要充气排水分为普通离心泵和自吸离心泵。下面以单级单吸离心泵为例来介绍离心泵的结构。

（一）单级单吸离心泵

单级单吸离心泵常为卧式，它的结构，见图 8-11，由叶轮、泵体、泵轴、减漏环、轴承和轴封等主要部分组成，各部分的作用及制作要求分述如下：

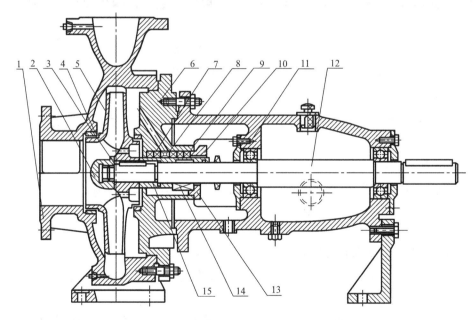

图 8-11 IS 型悬臂式单级单吸卧式离心泵结构

1—泵体；2—叶轮螺母；3—止动垫圈；4—密封环；5—叶轮；6—泵盖；7—填料；8—填料环；9—轴套；10—填料压盖；11—悬架轴承部件；12—轴；13—机械密封压盖；14—机械密封；15—短轴套

1. 叶轮

叶轮又称工作轮，是泵的核心，叶轮是把能量传递给液体的，具有叶片的旋转体。它的几何形状、尺寸、所用材料和加工工艺等对泵的性能有着决定性的影响。

叶轮按结构分为单吸式叶轮和双吸式叶轮两种。单吸式叶轮由前盖板、后盖板、叶片和轮毂组成。见图 8-12 在叶轮吸入口一侧叫前盖板，前盖板为形成叶轮流道吸入侧的盖板，后盖板之间装有 4～12 个向后弯曲的圆柱形或扭曲形叶片。叶片的主要作用是传递能量。叶片和盖板的内壁构成了弯曲的槽道，称为叶槽。水自叶轮吸入口流入，在惯性离心力的作用下，经叶槽后再从叶轮四周甩出，所以水在叶轮中的流动方向是轴向流入，径向流出。单吸式叶轮单侧吸水，叶轮的前后盖板不对称，用于单吸式离心泵。

双吸式叶轮，见图 8-13，两侧吸水，叶轮盖板对称，用于双吸式离心泵。

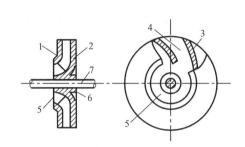

图 8-12　单吸式叶轮

1—前盖板；2—后盖板；3—叶片；4—叶槽；
5—吸水口；6—轮毂；7—泵轴

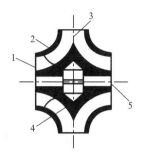

图 8-13　双吸式叶轮

1—吸水口；2—轮盖；3—叶片；
4—轮毂；5—轴孔

叶轮按其盖板情况有三种形式：封闭式、半开式和全开式。封闭式叶轮具有前、后盖板，见图 8-14（a），用于输送清水，一般有 6～8 片叶片。半开式叶轮只有后盖板而没有前盖板，见图 8-14（b）。只有叶片而没有盖板的叶轮称为全开式叶轮，见图 8-15（c）。半开式和全开式叶轮一般多用于输送含杂质的液体，叶片少、流槽宽、不易堵塞，但其能量损失大，水泵效率低。

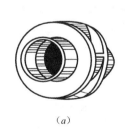  

（a）　　　　　　　　　　（b）　　　　　　　　　　（c）

图 8-14　叶轮形式

（a）封闭式叶轮；（b）半开式叶轮；（c）全开式叶轮；

叶轮的材料必须具有足够的机械强度和耐磨、耐腐蚀性能。目前，多采用铸铁、铸钢、不锈钢和青铜等制成。叶轮内外加工表面具有一定的光洁度，铸件不能有砂眼、孔洞，否则会降低水泵效率和叶轮的使用寿命。

2. 泵轴

泵轴的作用是将动力传给叶轮，泵轴一端用键和叶轮螺母固定叶轮，轴上的螺纹旋向在轴旋转时，使螺母处于拧紧状态。为保护轴免遭磨损，在对应于填料密封的轴段装轴套，轴套磨损后可以更换。泵轴为受弯、受扭构件，为保证泵工作可靠，必须有足够

图 8-15　水泵配件、泵轴

的强度和刚度，其挠度不得超过允许值。泵轴常用优质碳素钢制成，轴表面不允许有裂纹、压伤及其他缺陷。为防止水进入轴承，轴上有挡水圈或防水盘等挡水装置。

叶轮和泵轴组成了水泵的转动部件，称为转子。图 8-15 为泵轴、叶轮等部件。

3. 泵体

泵体是形成包容和输送液体外壳的总称，主要由泵盖和蜗壳形流道组成，见图 8-16。泵盖为水泵的吸入室，是一段渐缩的锥形管，锥度一般为 $7°\sim18°$，其作用是将吸水管路中的水以最小的损失均匀地引向叶轮。叶轮外缘侧直接形成的具有蜗形的壳体称蜗形体，它是泵的压出室。蜗形体由蜗室和扩散管组成，扩散管的扩散角一般为 $8°\sim12°$。其作用是汇集从叶轮中高速流出的液体，并输送到排出口，水流随着断面的增大，速度逐渐减小，压力逐渐增加，将液体的一部分动能转化为压能，消除液体的旋转运动。泵体材料一般为铸铁。泵体及进、出口法兰上设有泄水孔、排气孔（灌水孔）和测压孔，用以停机后放水、启动时抽真空或灌水并安装真空表、压力表。

图 8-16　单吸式离心泵泵体
1—蜗道；2—叶轮；3—出口；
4—隔舌；5—锥形扩散管

4. 减漏环

离心泵叶轮进口外缘与泵盖内缘之间留有一定的间隙。此间隙过大，从叶轮流出的高压水就会通过此间隙漏回到进水侧，以致减少泵的出水量，降低泵的效率。但间隙过小时，叶轮转动时就会和泵盖发生摩擦，引起机械磨损。所以为了尽可能地减小漏损和磨损，同时使磨损便于修复或更换，一般在泵盖和叶轮上分别镶装一精致铸铁圆环，由于它既可以减少漏损，又能承受磨损，便于更换且位于水泵进口，故称减漏环，又称密封环、承磨环或口环，见图 8-17。

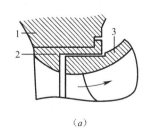

(a)

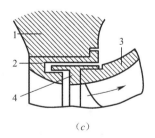

(b)　　　　　　　(c)

图 8-17　密封环形式

(a) 单环型；(b) 双环型；(c) 双环迷宫型

1—泵壳；2—镶在泵壳上的减漏环；3—叶轮；4—镶在叶轮上的减漏环

5. 轴封装置

泵轴穿过泵体处，必然有间隙存在，为了防止高压处通过此间隙大量流出和空气从该处进入泵体，必须设置轴封装置。目前，应用较多的轴封装置有填料密封、机械密封。填料密封在离心泵中得到广泛的应用，见图 8-18 是一种较为常见的压盖填料型的填料盒，由轴封套、填料、水封管、水封环、压盖等部件组成。填料中间部位装有带若干个小孔的水封环，见图 8-19，它们起着水封、冷却合润滑泵轴的作用。机械密封又称端面密封，见图 8-20。

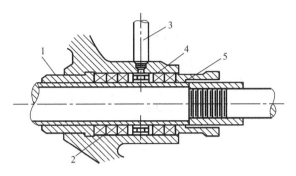

图 8-18 压盖填料型填料盒

1—轴封套；2—填料；3—水封管；4—水封环；5—压盖

图 8-19 水封环

1—环圈空间；2—水封孔

6. 轴承

轴承用以支承泵转子部分的重量以及承受径向和轴向荷载。轴承分为滚动轴承和滑动轴承两大类。轴承座是用来支撑轴的部件，轴承安装于轴承座内，作为转动部件的支承部样，见图 8-21。

图 8-20 机械密封

图 8-21 滑动轴承

联轴器把水泵和电动机的轴连接起来，使之一起转动，并传递扭矩。联轴器又称"靠背"轮，有刚性和弹性两种。见图 8-22，为常用的圆盘形挠性联轴器，一般用于大中型卧式泵站机组的安装。

7. 轴向力平衡装置

单吸式离心泵的叶轮工作时，由于前后盖板不对称，两侧作用的压力不相等，导致作用在后盖板上的力比前盖板

图 8-22 联轴器

上的力大，因此，在叶轮上作用有一个推向吸入口的轴向力$\triangle P$，见图8-23；对于单吸式离心泵而言，一般采取在叶轮的后板盖上钻开平衡孔，并在后板盖上加装减漏环，见图8-24。对于多级单吸离心泵，其轴向推力将随叶轮个数的增加而增大，所以多级泵通常设有专门的平衡轴向力的装置，称为平衡盘。

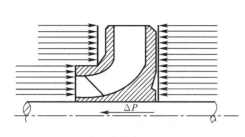

图 8-23　单吸叶轮中轴向推力

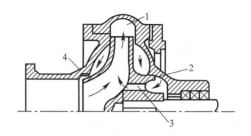

图 8-24　单吸式叶轮上的平衡孔

1—排出压力；2—加装的减漏环；3—平衡孔；4—泵壳上的减漏环

（二）离心泵类型

1. 单级离心泵

单级离心泵一般分为 IS 系列单级单吸离心泵和 S（SH）系列单级双吸离心泵，IS 系列属于单级单吸式离心泵，见图 8-25，根据国际标准 ISO2858 设计的新系列产品。产品主要有如下特点：（1）使用范围广，流量范围在 $6.3 \sim 400 \mathrm{m^3/h}$，扬程范围在 $5 \sim 125 \mathrm{m}$ 范围内。（2）标准化程度高，性能和尺寸符合国际规定的标准。（3）泵的效率达到国际水平。不锈钢单级泵是一种适应范围较广的多功能产品，可以输送各种包括水或工业液体在内的不同介质，适用于不同温度、流量和压力范围。

图 8-25　IS 型单级单吸清水离心泵

2. 单级双吸离心泵

见图 8-26，为 SH 型单级双吸离心泵的构造图，其主要零件与单级单吸离心泵基本相似，有叶轮、泵轴、泵壳、密封环及轴封装置等组成。

双吸离心泵的叶轮是对称的，见图 8-27，水从叶轮两侧沿轴向流入，经叶槽后由径向流出。

S（SH）系列单级双吸离心泵是给排水工程中最常用的一种水泵。广泛用于城镇给水、工矿企业的循环用水、农田灌溉等方面，流量一般在 $90 \sim 20000 \mathrm{m^3/h}$，扬程在 $10 \sim 100 \mathrm{m}$。

图 8-26　S 型单级双吸离心泵

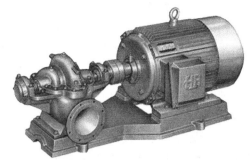
图 8-27　SH 型单级双吸离心泵

3. 多级离心泵

多级泵的泵体是分段式的，由一个前端、一个后端和数个中段组成，用螺栓连成一个整体，见图 8-28。

图 8-28　多级离心泵

任务 8.2　熟悉给水泵站

一、给水泵站的组成及分类

城镇自来水厂与给水泵站是供水系统的关键设备，给水泵站是城镇给水系统规模化的产物。

（一）给水泵站的分类

给水泵站的分类一般分成如下几类：

1. 按照水泵机组设置的位置与地面的相对标高关系，泵站可分为地面式泵站、地下式泵站与半地下式泵站。

2. 按照操作条件及方式，可分为人工手动控制、半自动化、全自动化和遥控泵站等。

3. 按泵房位置变动与否可分为固定式泵房和移动式泵房。

4. 按基础及水下结构的特点可分为分基型、块基型、干室型和湿室型等形式。

5. 按水泵类型，可分为卧式泵泵房、立式泵泵房和深井泵房。

6. 按泵站供水情况，可分为均匀供水泵站和分级供水泵站。

7. 按泵房外形可分为矩形泵房、圆形泵房和半圆形泵房。

（二）给水泵站的组成

给水泵站的组成主要包括以下几部分：

水泵机组：包括水泵和电动机，是泵站最重要的组成部分。

泵站管道：是指水泵的吸水（进水）管道和压水（出水）管道。水泵通过吸水管道从吸水井（池）中吸水，经水泵后通过压水管路送至用户。

引水设备：指真空引水设备（如真空泵、引水罐等）和灌水设备。当水泵工作为吸入式启动时，需设引水设备。

起重设备：指泵站内设备及管道安装、检修用的吊车、电动葫芦等设备。

排水设备：指排水泵、排水沟、集水坑等，用以排除泵站地面积水。

计量设备：指流量计、压力表、真空表、温度计等。

采暖及通风设备：指采暖用的热水器、电热器、火炉及通风机等设备。

电气设备：指变、配电设备。

防水锤设备：指水锤消除器等。

其他设施：包括照明、通信、安全与防火设施等。

在泵站中除设有机器间外，还设有高、低压配电室、控制室、值班室、修理间等辅助房间。现分述如下：

1. 水泵机组：包括水泵和电动机，是泵站最重要的组成部分。

2. 泵站进水系统

水泵进水及流道布置对于水泵，尤其大型立式泵的性能和效率影响很大，同时还会影响水泵的安全运行和使用寿命。

水泵进水段流道布置应做到：保证足够的进水能力、具有平顺均匀的水流流态，结构安全可靠，同时在满足安全运行条件下尽量做到经济合理和管理方便。

3. 吸水管路系统

吸水管路常处于负压状态下工作，因此要求吸水管路不漏气、不积气、不吸气，不产生气囊。

1）为保证吸水管不漏气，管材必须严密。通常情况下，吸水管路一般采用钢管，钢管埋于土中时应涂沥青防腐层。

2）为保证吸水管不积气，吸水管应有沿水流方向连续上升的坡度 i，一般大于 0.005，为避免产生气囊，应使沿吸水管线的最高点在水泵吸入口的顶端。吸水管的断面一般应大于水泵吸入口的断面，吸水管路上的变径管可采用偏心渐缩管，保持渐缩管的上边水平，水泵进口应避免直接与弯头相连，应在二者之间加装一段直管。吸水管的安装方法，见图 8-29。

3）不吸气。吸水管进口淹没深度不够时，由于进口处水流产生漩涡，吸水时带进大量空气，严重时也将破坏泵正常吸水，常见于取水泵房在河道枯水位情况下吸水。因此，吸水管进口在最低水位下的淹没深度 h 应不小于 0.5m～1.0m，见图 8-30。若淹没深度不能满足要求，则应在管子末端装水平隔板，水平隔板长为 $2D$ 或 $3d$，见图 8-31。

4）为了防止水泵吸入井底的沉渣，并使水泵工作时有良好的水力条件，应遵守图 8-30 的规定。

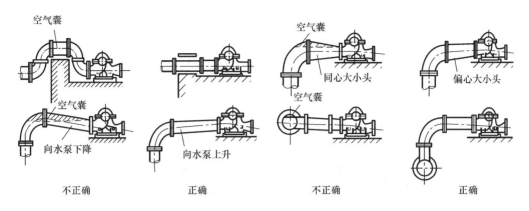

图 8-29　吸水管路的安装

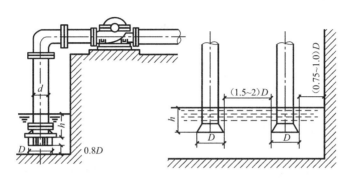

图 8-30　吸水管在吸水井中的位置

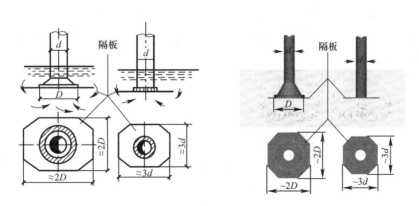

图 8-31　吸水管末端的隔板装置

　　当泵采用抽气设备充水或能自灌充水时，为了减少吸水管进口处的水头损失，吸水管进口通常采用喇叭口形式。

　　5）当吸水井水位高于水泵轴线时，吸水管路上应设置闸阀，以利于水泵检修。

　　6）如果水中有较大的悬浮杂质时，喇叭口外面需加设滤网，以防水中杂物进入水泵。当泵从压水管引水引起时，吸水管上应装有底阀。过去一般用水下式底阀，见图 8-32，现在设计中采用水上式底阀逐渐增多，

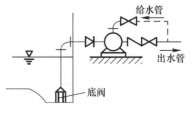

图 8-32　水下式底阀

见图 8-33。同时，注意吸水管路水平段应有足够的长度，一般应大于 3 倍以上的垂直距离，以保证充水启动后，管中能产生足够的真空值。

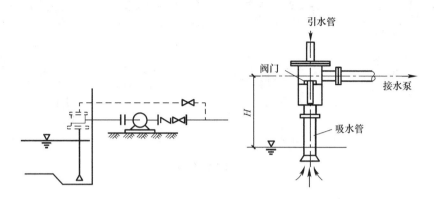

图 8-33　水上式底阀

4. 泵站压水管路

对压水管路要求：泵站内压水管路经常要承受高压，特别是水锤发生时，要求管路坚固不漏水，供水安全，方便维修。

（1）压水管路通常采用钢管，并尽量采用焊接接口，但为了便于拆装于检修，在适当地点可设法兰接口。

（2）压水管路上的闸阀因为承受高压，所以启闭都比较困难。当直径 $DN \geqslant 400mm$ 时，一般采用电动或水力闸阀。

（3）为了避免管路上的应力（自重应力、温度应力、水锤作用力）传至水泵，以及安装和拆卸方便，一般应在吸水管路和压水管路适当位置上设置补偿接头或伸缩节、可挠曲的橡胶接头等。

（4）为了承受管路中内压力所造成的推力，在一定的部位上（各弯头处）应设置专门的支墩或拉杆。

二、给水泵站主要辅助设施

泵站内除了水泵机组和管路外，还有引水、起重、计量、排水及采暖通风等辅助设备。

（一）引水设备

水泵的工作方式有自灌式和吸入式两种。装有大型水泵、自动化程度高、供水安全要求高的泵站宜采用自灌式。自灌式工作的水泵外壳顶点应低于吸水池内的最低水位。当水泵采用吸入式（水泵工作外壳顶点高于水池水位）方式时，水泵启动前必须引水。引水方法可分为两大类，一是吸水管带有底阀，另一是吸水管不带底阀。

1. 吸水管带有底阀

底阀分为水下底阀（见图 8-32）和水上底阀（见图 8-33）两种，水下底阀需经常清洗和修理；尤其当用于取水泵房时，易被杂草、泥沙等堵塞，使底阀关不严影响灌水启动，但其引水装置简单。水上底阀安装于吸水管上端 90°弯头处，拆装检修方便，水头损失较水下底阀小。

（1）人工引水

将水从泵顶的引水孔灌入泵内，同时打开排气阀。此法只适用于临时性供水且水泵为小泵的场合。

（2）用压水管中的水倒灌引水

当压水管内经常有水且水压不大而无止回阀时，直接打开压水管上的闸阀，将水倒灌入泵内。如果压水管中的水压较大且在泵后装有止回阀，需在送水闸阀后装设一旁通管引水入泵壳内，见图8-34。旁通管道上设有闸阀，水充满泵站后关闭闸阀。此法设备简单，一般多被中、小型水泵（吸水管直径在300mm以内时）采用。

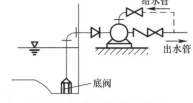

图 8-34   离心泵从压水管引水

2. 吸水管上不装底阀

（1）真空泵引水

此法在泵站中采用较为普遍，其优点时水泵启动快，运行可靠，易于实现自动化，真空泵引水管路系统见图8-35。目前使用最多的是水环式真空泵，真空泵是根据水泵及进水管路所需要的抽气量和最大真空值选择的。

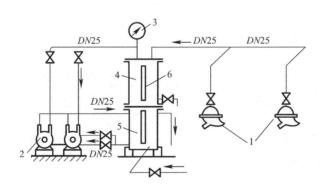

图 8-35   真空泵引水管路系统

1—离心泵；2—水环式真空泵；3—真空表；4—气水分离器；5—循环水箱；6—玻璃水位计

（2）水射器引水

水射器是利用压力水通过水射器喷嘴处产生高速水流使喉管进口处形成真空的原理，将泵内的气体抽走，见图8-36。

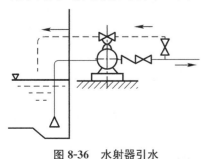

图 8-36   水射器引水

为使水射器工作，必须供给压力水作为动力。水射器应连接水泵的最高点处。在开动水射器前要把水泵压水管上的闸阀关闭，水射器开始带出被吸的水时就可启动水泵。水射器具有结构简单、占地少、安装容易、工作可靠、维护方便等优点，是一种常用的饮水设备。缺点是效率低、需供给大量的高压水。

（二）起重设备

常用的起重设备有移动吊架、单轨吊车和单梁及双梁桥式行车（包括悬挂起重机）3种，除吊架为手动外。其余两种即可手动，也可电动。手动单轨吊车，见图 8-37，电动桥式吊车，见图 8-38。

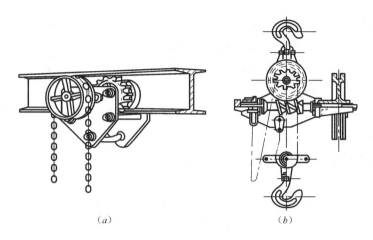

（a）　　　　　　　　　　　（b）

图 8-37　手动单轨吊车

（a）小车外形图；（b）起重葫芦

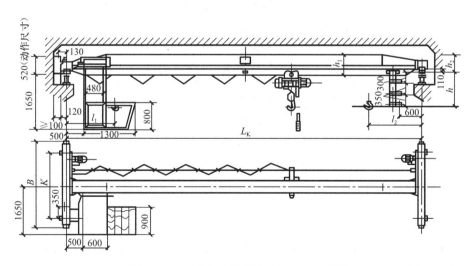

图 8-38　DL 型电动单梁桥式起重机外形图

（三）通风与采暖

1. 通风

泵房内的通风方式有两种：自然通风和机械通风。

2. 采暖

在寒冷地区，泵房应考虑采暖设备。

《泵站设计规范》GB 50265—2010 对泵房通风采暖进行了明确的规定。

（四）排水设施

1. 排水方式

（1）地面式泵房、包括管槽内各种排水，应尽量考虑自流排水。

（2）半地下式泵房当地形高程允许时亦可考虑自流排水，但通常半地下式泵房与地下式泵房一样，需设置排水泵，提升排水。

2. 排水方法

（1）水射器排水：使用水射器排水较简便，但需消耗较多压力水。

（2）用排水泵排水：依据排水量选泵。常用的有小型液下泵、立式或卧式离心泵及潜水泵等。排水泵不应少于两台。

（3）对于较重要的大型地下式泵房，为避免事故时大量泄水而淹没水泵及电机影响泵房运行，往往备用多台较大水泵作为事故排水用。

检修排水与其他排水合成一个系统时应有防止外水倒灌的措施，并宜采用自流排水方式。

排水管道应设有防止水生生物堵塞的措施。泵房内生活及生活污水的排放应符合环境保护的有关规定。

（五）计量设备

为进行经济核算，有效进行调度工作，必须设置计量设备。目前常用的计量设备有：流量计、压力表、真空表、温度计等。具体计量设备见本教材项目 9。

（六）其他设施

包括照明、通信、防噪声、安全与防火设施等。

三、停泵水锤及防护

在压力管道中，由于流速的剧烈变化（关闸、停泵等）而引起一系列急剧的压力交替升降的水力冲击现象称为水锤（又称水击）。

泵站水锤分为开泵水锤、关（开）闸水锤和停泵水锤。按正常程序操作，前两种水锤不会引起危及机组安全的事故。但由于突然断电等原因形成的停泵水锤压力较大，严重时造成机组部件损坏，管道开裂等漏水事故。

（一）停泵水锤及危害

停泵水锤：指水泵机组因突然失电或其他原因，造成开阀停车时，水泵及管路中水流速度发生剧烈变化而引起一系列急剧的压力交替升降的水力冲击现象称停泵水锤。

停泵水锤的危害：由于突然停电等原因形成的停泵水锤压力变化剧烈，严重时造成机组部件损坏，管道开裂等事故。

（二）停泵水锤发生的可能原因

1. 电力系统、电气设备故障；

2. 人为操作失误；

3. 水泵机组故障；

4. 自动化控制系统指令错误；

5. 自然原因引起断电：下雨、雷击。

任务 8.3　给水泵站的运行与管理

水泵运行维护是泵站管理的核心内容，泵站管理效益的高低直接影响泵站经济效益、社会效益的有效发挥。如何管好、用好、经营好泵站，将泵站管理纳入正规化、规范化、科学化轨道，真正按照基础设施、基础产业的要求进行经营管理，是泵站运行管理的中心任务，也是促进市政工程和水利工程可持续发展的重要举措。

一、水泵的安全操作

（1）水泵工况点长期在低效区工作时，应对水泵进行更新或改造，使泵工作在高效区范围内。

（2）水泵运行中，进水水位不应低于规定的最低水位。

（3）在泵出水阀关闭的情况下，电机功率小于或等于 110kW 时，离心泵和混流泵连续工作时间不应超过 3min；大于 110kW 时，不宜超过 5min。

（4）泵的振动不应超过现行国家标准（《泵的振动测量与评价方法》）振动烈度 C 级的规定。

（5）轴承温升不应超过 35℃；滚动轴承内极限温度不得超过 75℃；滑动轴承瓦温度不得超过 70℃。

（6）除机械密封及其他无泄漏密封外，填料室应有水滴出，宜为每分钟 30～60 滴。

（7）电动机应在额定频率及额定电压条件下运行，额定电压在 ±5% 范围内变动；电压在额定电压时，频率在 ±2% 范围内变动，其输出功率不变（变频调速除外）。

（8）运行中的电动机当采用熔丝保护时，熔丝容量不应大于电动机额定电流的 1.5～2.5 倍；采用热继电器保护时，热继电器容量不应大于电动机额定电流的 1.1～1.25 倍；二次回路系统采用继电保护装置时，其保护的整定值应按设计手册的计算要求进行。

（9）由室外供给冷却空气的电动机，在停机后应立即停止冷却空气的供给，以免电动机受潮。

（10）水风冷电动机，开机前先开冷却水，停机时顺序相反；环境温度低于 0℃ 时，放掉冷却水，以免冻裂冷却器。

（11）上岗人员必须携带规定证书，严格执行安全生产规章制度、操作规程。

（12）正确使用劳防用品、安全用具和消防设备；明确工作场所安全警示、危险源及危害因素。

二、给水泵站的日常检查和运行维护

（一）一般规定

1. 建立日常保养、定期维护和大修理三级维护检修制度。

2. 日常保养属经常性工作，由运行值班人负责，对设备进行经常性的保养和清扫灰尘。

3. 定期维护属阶段性工作，由维修人员负责，每年进行不少于 1 次的专业性检查、清扫、维修、测试。电气设备（包括电力电缆）预防性试验每年进行一次；继电保护装置的校验 1~3 年进行一次；接地装置和测接地电阻值的检查每年春季进行；避雷器每年进行检查和试验。

4. 大修理属恢复设备原有技术状态的检修工作，由专业检修人员负责。应符合下列规定：

（1）主要机泵运行累计小时距上次检修满 8000h 及以上、状态监测仪器测试报警且无法通过保养消除的或已有二年以上没有检修的，应进行检修；运行过程中发现有缺陷的，可按具体情况安排检修或保养。

（2）变压器大修周期应根据历年预防性试验结果经分析后确定。35kV 及以上的，应在运行 5 年后大修一次，以后每隔 5~10 年大修一次；10kV 及以下的，可每 10 年左右大修一次。制造商另有规定的按照制造商规定执行。

（3）配电装置大修周期应根据开关存在的缺陷和实际运行条件确定。新投入运行的高压断路器应在运行一年后大修一次。以后，35kV 及以上断路器宜每 5 年大修一次；3~10kV 配电系统断路器宜每 1~3 年大修一次；3~10kV 启动电机用断路器宜每年大修一次。故障掉闸 3 次或严重喷泊、喷烟，均应解体检修。制造商规定的免维护设备，根据产品说明书进行维修。

（二）水泵日常检查和运行维护

1. 离心泵的运行要求

（1）启动条件

1）启动前应检查清水池或吸水井的水位（增压泵检查进泵压力）是否适于开机。

2）检查进水阀门是否开启，出水阀门是否关闭。

3）按出水旋转方向盘车，检查泵内是否有异物及阻滞现象。

4）检查机油润滑的轴承处油位，确保油量满足润滑要求、油路畅通。

5）设计采用非淹没式进水时，用真空泵引水或向泵内注满水后开启电机。

6）水泵运行平稳，压力表显示正常时，缓慢开启出水阀。

（2）运转要求

1）运转过程中，应观察仪表读数、轴承温度、填料室滴水和发热及泵的振动和声音等是否正常，发现异常情况及时处理。

2）检查进水水位，水位低于规定的最低水位时应查找原因，及时处理。

（3）停泵要求

1）停泵时，应先关闭出水阀。

2）环境温度低于 0℃时，应采取防冻措施，以免冻裂。

2. 轴流泵的运行要求

（1）启动条件

1）启动前盘车检查转子转动是否灵活。

2）打开出水阀。

3）检查轴承处油位，确保油量满足润滑要求、油路畅通。

4）向填料室上的沣水管引沣清洁压力水。

（2）运转要求

1）运转过程中，观察仪表读数、轴承温度、填料室滴水和温度及泵的振动和声音等是否正常，发现异常情况，及时处理。

2）检查进水水位，水位低于规定的最低水位时应查找原因，及时处理。

（3）停泵要求

1）采用虹吸式的出水管路，在停机同时应开启真空破坏阀，防止水倒流。

2）在冰冻季节，停泵后叶轮不应浸入水中，以免结冰损坏部件。

3. 井用潜水泵的运行要求

（1）启动要求

1）新装或大修后首次启动时对配电设备、继电保护、线路及接地线、远程装置和操作装置、电气仪表等应进行检查，对电动机的绝缘电阻进行测量，检查电源三相电压是否在合格范围内、测量静水位并做记录。

2）启动后观测电流、声音、振动情况，开阀时注意电流变化，控制运行电流在电动机额定电流之内。

3）新装或大修后第一次运行时，要求运行 4h 后停机，并迅速测试热态绝缘电阻，其值大于 0.5MΩ 时方可继续投入运行。

4）潜水电泵停机后如需再启动，应间隔 5min 以上。

（2）运转要求

1）运行过程中，必须观察仪表读数、振动、声音、出水量是否正常，发现异常情况及时处理。

2）定期测量动、静水位。

（3）停泵要求

出水管路无止回阀装置时，停机前应先将出水阀门关闭再停机。

（三）水泵异常情况的处理

1. 出现下列情况之一时，应立即停机：

（1）水泵不吸水，压力表无压力或压力过低。

（2）突然发生极强烈的振动和噪声。

（3）轴承温度过高或轴承烧毁。

（4）水泵发生断轴故障。

（5）冷却水进入轴承油箱。

（6）泵房管线、阀门发生爆破，大量漏水。

（7）阀门阀板脱落。

（8）水锤造成机座移动。

（9）电气设备发生严重故障。

（10）井泵动水位过低，形成抽空现象或大量出沙。

（11）不可预见的自然灾害危及设备安全。

2. 出现下列情况之一时，可先开启备用水泵而后停机：

（1）泵产生剧烈震动或噪声。

（2）冷却、密封管道堵塞经处理无效。

（3）密封填料经调节填料压盖无效，仍发生过热或大量漏水。

（4）进水口堵塞使出水量明显减少。

（5）发生较严重汽蚀，调节阀门无效。

3. 水泵发生异常情况，应详细记录并及时上报。

（四）日常保养项目、内容

1. 按设备使用说明书的要求及时补充轴承内的润滑油或润滑脂，保证油位正常。定期检测油质变化情况，必要时换用新油。

2. 根据运行情况随时调整填料压盖松紧度。填料密封滴水宜每分钟 30～60 滴。

3. 根据填料磨损情况及时更换填料。更换填料时，每根相邻填料接口应错开大于90°，水封管应对准水封环，最外层填料开口应向下。

4. 使用软填料密封时，应根据使用情况随时添加填料，防止泄漏。

5. 机泵振动超标时，应查明原因，及时处理。

6. 检查电动阀门的限位开关、手动与电动的联锁装置。

7. 检查、调整、更换阀门填料，做到不漏水，无油污、无锈迹。

8. 设备外露零部件应做到防腐有效，无锈蚀、不漏油、不漏水、不漏电、不漏气（真空管道）。

9. 各零部件应完整，设备铭牌标志应清楚。

三、给水泵站常见故障及处理

水泵发生故障后，不要急于拆卸，应先分析原因，因为有的故障不拆卸机体也可排除和修理。排除故障的正确步骤，应该要先弄清故障发生的经过以及具体表现，"看、听、触、闻、思"，先从简单的故障原因查起，通过分析、判断，找到真正原因，然后采取修理措施。

（一）离心泵（包括混流泵）运行中常见故障、产生原因及排除方法

离心泵（包括混流泵）运行中常见故障、产生原因及排除方法见表 8-1。

离心泵运行中常见故障、产生原因及其排除方法　　　　　　　　　　表 8-1

故障现象	产生原因	排除方法
水泵 不出水	1. 充水不足或进出水闸阀关闭 2. 总扬程超过规定 3. 进水管路漏气 4. 水泵转向不对 5. 水泵转速太低 6. 进水口或叶轮堵塞，底阀失灵 7. 吸水高度太高，水泵发生气蚀 8. 叶轮严重损坏 9. 填料函严重漏气 10. 叶轮螺母及键脱出	1. 继续充水或打开阀门 2. 改变安装位置，降低扬程或换泵 3. 检查管道，并堵塞漏气处 4. 改变旋转方向 5. 检查电源的电压和频率 6. 检查并清除杂物 7. 降低安装高度 8. 更换叶轮 9. 压紧或更换新填料 10. 修复紧固

故障现象	产生原因	排除方法
流量不足	1. 进水水位太低，空气进入泵内 2. 进水管路接头处漏气、漏水 3. 进水管路或叶轮中有杂物 4. 出水扬程过高 5. 转速不够 6. 密封环或叶轮严重磨损 7. 闸阀开启度不够或逆止阀有障碍物堵塞 8. 填料漏气 9. 吸水高度太高	1. 停泵排气，水位增高后再开泵 2. 检查并堵塞漏气、漏水处 3. 检查进水格栅，清除杂物 4. 降低输送高度 5. 调整至额定转速 6. 更换损坏零件 7. 适当开大闸阀，清除障碍物 8. 更换填料 9. 调整吸水高度
耗用功率太大	1. 转速太高 2. 泵轴弯曲、轴承损坏或磨损过大 3. 填料压得太紧 4. 叶轮与泵壳碰擦 5. 流量过大 6. 水泵轴与电动机轴不同心	1. 检查电路电压和频率 2. 校正调直、更换轴承 3. 适当松填压盖 4. 调整间隙 5. 关小进出水闸阀，减少流量 6. 校正同轴度
泵有杂声或振动	1. 基础螺钉松动 2. 叶轮损坏或局部堵塞 3. 泵轴弯曲、轴承磨损或损坏 4. 水泵轴与电动机轴不同心 5. 泵发生气蚀 6. 叶轮或联轴器松动 7. 叶轮平衡性差	1. 旋紧 2. 更换叶轮或消除阻塞 3. 校直或更换 4. 校正同轴度 5. 停泵 6. 紧固 7. 进行静平衡调整
填料函发热或漏水过多	1. 填料压盖太紧 2. 填料磨损严重或轴套磨损 3. 轴承磨损过大	1. 适当松压盖到滴水不成线 2. 更换填料或轴套 3. 调换轴承
轴承发热	1. 润滑油过多或太少 2. 润滑油质量差、不清洁 3. 轴承装配不正确或间隙不对 4. 泵轴弯曲、两联轴器不同心 5. 轴承损坏	1. 调整油量 2. 清洗轴承、换润滑油 3. 修正或调整 4. 校正或更换 5. 更换新轴承
停泵泵轴倒转	1. 底阀阀盘升降受阻 2. 摇板启闭呆滞 3. 阀底密封圈严重损坏 4. 摇板损坏	1. 调整阀盘与阀盖位置，使之升降灵活 2. 给摇板与枢轴清洁加油 3. 调换密封圈 4. 调换摇板

（二）轴流泵运行中常见故障、产生原因及排除方法

轴流泵运行中常见故障、产生原因及排除方法见表 8-2。

蜗壳式混流泵的运行管理及维护同离心泵；导叶式混流泵的运行管理及维护同轴流泵。

轴流泵运行中常见故障、产生原因及排除方法 表 8-2

故障现象	产生原因	排除方法
流量不足	1. 叶片安装角度太小 2. 转速未达到额定值 3. 叶片损坏 4. 扬程过高	1. 调整叶片安装角度 2. 检查电压是否太低 3. 更换叶片 4. 低水位时停机
泵不出水	1. 泵轴转向不对 2. 叶片断裂或固定失灵 3. 叶轮浸入深度不够	1. 调整电动机转向 2. 检修叶片固定机构，更换叶片 3. 降低安装标高
运转中有杂声或振动	1. 叶片外圈与进水喇叭发生摩擦 2. 水泵或传动装置的地脚螺栓未拧紧 3. 叶片上绕有杂物 4. 泵轴，传动轴或联轴器螺母未紧固 5. 叶片被杂物击碎，动平衡差 6. 轴承磨损或橡胶轴承脱落	1. 检查水泵安装质量，泵轴是否垂直 2. 基础加固，拧紧螺栓 3. 清除杂物 4. 紧固螺母 5. 更换叶片 6. 更换轴承或橡胶轴承
水泵超负荷	1. 出水管路堵塞或拍门未全部开启 2. 叶片与喇叭或动叶外圈摩擦 3. 叶片上绕有杂物 4. 集水池水位过低 5. 叶片安装角度不正确 6. 轴与橡胶轴承配合过紧	1. 清理出水管，检修拍门使其开启灵活 2. 检查泵轴垂直角度，调整间隙或更换橡胶轴承 3. 清除杂物 4. 停止运行 5. 调整叶片安装角度 6. 校正橡胶轴承
停机时倒转	1. 出水拍门销子脱落 2. 出水拍门耳环断落	1. 重新装上销子 2. 更换出水拍门

（三）潜水泵运行中常见故障、产生原因及排除方法

潜水泵运行中常见故障、产生原因及排除方法见表 8-3。

潜水泵运行中常见故障、产生原因及排除方法 表 8-3

故障现象	产生原因	排除方法
起动后不出水	1. 叶轮卡住 2. 电源电压过低 3. 电源断电或断相 4. 电缆线断裂 5. 插头损坏 6. 电缆线压降过大 7. 定子绕组损坏；电阻严重不平衡；其中一相或两相断路；对地绝缘电阻为零	1. 清除杂物，然后用手盘动叶轮看其是否能够转动。若发现叶轮的端面同口环相擦，则必须用垫片将叶轮垫高一点 2. 改用高扬程水泵，或降低电泵的扬程 3. 逐级检查电源的保险丝和开关部分，发现并消除故障；检查三相温度继电器触点是否接通，并使之正常工作 4. 查出断点并连接好电缆线 5. 更换或修理插头 6. 根据电缆线长度，选用合适的电缆规格，增大电缆的导电面积，减少电缆线压降 7. 对定子绕组重新下线进行大修，最好按原来的设计数据进行重绕
出水量过少	1. 扬程过高 2. 过滤网阻塞 3. 叶轮流通部分堵塞 4. 叶轮转向不对 5. 叶轮或口环磨损 6. 潜水泵的潜水深度不够 7. 电源电压太低	1. 根据实际需要的扬程高度，选择泵的型号，或降低扬程高度 2. 清除潜水泵格栅外围的水草等杂物 3. 拆开潜水泵的水泵部分，清除杂物 4. 更换电源线的任意两根非接地线的接法 5. 更换叶轮或口环 6. 加深潜水泵的潜水深度 7. 降低扬程

续表

故障现象	产生原因	排除方法
电泵突然不转	1. 保护开关跳闸或保险丝烧断 2. 电源断电或断相 3. 潜水泵的出线盒进水，连接线烧断 4. 定子绕组烧坏	1. 查明保护开关跳闸或保险丝烧断的具体原因，然后对症下药，予以调整和排除 2. 接通电线 3. 打开线盒，接好断线包上绝缘胶带，消除出线盒漏水原因，按原样装配好 4. 对定子绕组重新下线进行大修。除及时更换或检修定子绕组外，还应根据具体情况找到产生故障的根本原因，消除故障
定子绕组烧坏	1. 接地线错接电源线 2. 断相工作，此时电流比额定值大得多，绕组温升很高，时间长了会引起绝缘老化而损坏定子绕组 3. 机械密封损坏而漏水，降低定子绕组绝缘电阻而损坏绕组 4. 叶轮卡住，电泵处于三相制动状态，此时电流为 6 倍左右的额定电流，如无开关保护，将很快烧坏绕组 5. 定子绕组端部碰潜水泵外壳，而对地击穿 6. 潜水泵开、停过于频繁 7. 潜水泵脱水运转时间太长	1. 正确地将潜水泵电缆线中的接地线接在电网的接地线或临时接地线上 2. 及时查明原因，接上断相的电源线或更换电缆线 3. 经常检查潜水电泵的绝缘电阻情况，绝缘电阻下降时及时采取措施维修 4. 采取措施防止杂物进入潜水泵卡住叶轮，注意检查潜水泵的机械损坏情况，避免叶轮由于某种机械损坏而卡住。同时，运行过程中一旦发现水泵突然不出水应立即关机检查，采取相应措施检修 5. 绕组重新嵌线时尽量处理好两端部，同时去除上、下盖内表面上存在的铁疙瘩，装配时避免绕组端部碰到外壳 6. 不要过于频繁地开、关电泵，避免潜水泵负载过重或承受不必要的冲击载荷，如有必要重新起动潜水泵则应等管路内的水回流结束后再起动 7. 运行中应密切注意水位的下降情况，不能使电泵长时间（大于 1min）在空气中运转，避免潜水泵缺少散热和润滑条件

能力拓展训练

一、填空题

1. 水泵按照工作原理可分为（ ）、（ ）和其他类型泵三大类。

2. 叶片式水泵是靠泵内高速旋转的叶轮将动力机的机械能给被抽送的水体，叶片式水泵主要有（ ）、（ ）和（ ）。

3. 容积式水泵根据工作室容积周期性变化方式有（ ）和（ ）两种。属于（ ）运动如（ ）；属于（ ）运动如（ ）等。

4. 叶片泵的性能参数主要有（ ）、（ ）、（ ）、（ ）、（ ）和（ ）。

5. 水泵的效率是指（ ）与（ ）的比值。

6. 卧式单级单吸离心泵，主要由（ ）、（ ）、（ ）、（ ）、（ ）和（ ）等主要部分组成。

7. 离心泵按泵轴上叶轮个数的多少可分为（ ）泵和（ ）泵。

8. 在给水泵站中，常见的分类是按泵站在给水系统中的作用可分为（ ）、（ ）、（ ）及（ ）。

9. 常用的流量计有（ ）、（ ）、（ ）等；常用的压力计量设备有（ ）、（ ）。

10. 泵房内的通风方式有（ ）和（ ）两种。

二、选择题

1. 离心泵单侧吸水，叶轮的前后盖板不对称，用于 （　　） 离心泵。

A. 单吸式　　　　　B. 双吸式　　　　　C. 封闭式　　　　　D. 半开式

2. 离心泵两侧吸水，叶轮盖板对称，用于 （　　） 离心泵。

A. 单吸式　　　　　B. 双吸式　　　　　C. 封闭式　　　　　D. 半开式

3. 离心泵中泵轴与泵壳之间的装置称为 （　　）。

A. 轴封装置　　　　B. 减漏环　　　　　C. 轴承　　　　　　D. 平衡装置

4. 下列选择中不属于叶片泵的有 （　　）。

A. 离心泵　　　　　B. 活塞泵　　　　　C. 轴流泵　　　　　D. 混流泵

5. 靠叶轮高速旋转产生的轴向力而工作的水泵称为 （　　）。

A. 离心泵　　　　　B. 活塞泵　　　　　C. 轴流泵　　　　　D. 混流泵

三、简答题

1. 简述单级单吸离心泵的主要零部件及各自作用。

2. 水泵发展趋势是什么？

3. 常见水泵机组的布置形式有哪几种？各自有何特点？

4. 泵站内吸水管路和压水管路的布置与敷设有哪些要求？

5. 引水方法可分为哪几类？各自的特点有哪些？

6. 停泵水锤有何特点与危害？有哪些防护措施？

7. 查阅资料，举出一个给水泵站实例，说说该泵站的地位、作用、规模和特点。

8. 简述水泵的安全操作要求。

9. 简述水泵日常检查和运行维护内容。

10. 请简述离心泵运行中常见故障、产生原因及其排除方法。

11. 请简述潜水泵运行中常见故障、产生原因及其排除方法。

项目 9
给水处理常用仪表的使用与管理

【项目概述】

本项目主要介绍给水处理常用仪表的基本知识及其及运行管理操作技能。

【学习目标】

掌握给水处理常用仪表控制的基本知识，熟悉各类常用仪表的工作原理、功能及操作使用方法，以便顺利开展常用仪表的维护与日常运行管理工作。

【学习支持】

常用仪表、常用水质监测仪、仪表安装环境、仪表维护和保养。

任务 9.1　熟悉常用仪表

一、常用流量计

测量流体流量（单位时间内通过的流体体积）的仪表统称为流量计或流量表。

（一）流量计的分类

常用的流量计分类方法有两种：一是按流量计采用的测量原理进行分类；二是按流量计的结构原理进行分类。

按照测量原理进行分类，属于力学原理的仪表如涡轮式流量计等；属于电学原理的仪表如电磁式流量计等；属于声学原理的仪表如超声波式流量计等；属于热学原理的仪表如热量式流量计等；属于光学原理的仪表如激光式流量计等；属于原子物理学原理的仪表如核磁共振式、核辐射式流量计等。

按流量计结构分类有：容积式流量计、叶轮式流量计、差压式流量计、变面积式流量计等。

（二）常用流量计简介

1. 容积式流量计

容积式流量计，又称定排量流量计，简称 PD 流量计，在流量仪表中是精度最高的一类。它利用机械测量元件把流体连续不断地分割成单个已知的体积部分，根据测量室逐次重复地充满和排放该体积部分流体的次数来测量流体体积总量。椭圆齿轮、腰轮、刮板都属于容积式流量计。

容积式流量计计量精度高，安装管道条件对计量精度没有影响，可用于高黏度液体的测量，范围度宽，直读式仪表无需外部能源可直接获得累计总量，清晰明了，操作简便。但是容积式流量计对介质中的污物比较敏感，被测介质中的污物会造成转子卡涩，影响正常测量，因此仪表上游需加装过滤器，这样会造成较大压力损失。此外容积式流量计结构复杂，体积庞大；不适用于高、低温场合；易产生噪声及振动。

2. 涡轮流量计

涡轮流量计属于速度式叶轮仪表，当流体流经涡轮流量计时，流体使叶轮旋转，叶轮的旋转角速度与流体的流速成比例关系，通过叶轮的转速推导出流体的流量。涡轮流量计可精确地测量洁净的液体和气体。

涡轮流量计由涡轮、轴承、前置放大器、显示仪表组成。涡轮的转速通过装在机壳外的传感线圈来检测。当涡轮叶片切割由壳体内永久磁钢产生的磁力线时，就会引起传感线圈中的磁通变化。传感线圈将检测到的磁通周期变化信号送入前置放大器，对信号进行放大、整形，产生与流速成正比的脉冲信号，脉冲信号送入频率电流转换电路，将脉冲信号转换成模拟电流量，进而指示瞬时流量值。

容积式流量计（图 9-1）、涡轮流量计（图 9-2）和科氏质量流量计是三类重复性、精确度最佳的产品，涡轮流量计结构简单、加工零部件少、重量轻、维修方便、流通能力大（同样口径可通过的流量大），还可适应高温、高压和低温环境，在工业上应用十分广泛。

图 9-1 容积式流量计

图 9-2 涡轮流量计

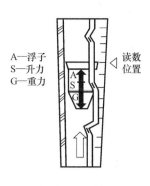

A—浮子
S—升力
G—重力

读数位置

图9-3 转子流量计

3. 转子流量计

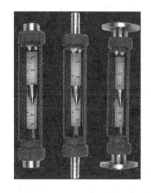

转子流量计又称浮子流量计，主要由一根自下向上扩大的垂直锥形管和一个沿着锥管轴上下移动的浮子所组成（图9-3）。被测流体从下向上经过锥管和浮子形成的环隙时，浮子上下端产生差压形成浮子上升的力，当浮子所受上升力大于浸在流体中浮子重量时，浮子便上升，环隙面积随之增大，环隙处流体流速立即下降，浮子上下端差压降低，作用于浮子的上升力亦随着减少，直到上升力等于浸在流体中浮子重量时，浮子便稳定在某一高度。锥管上的刻度指示流体的流量值。

玻璃转子流量计凭借着其使用和安装简单，价格便宜工作效果明显，携带方面和直观，在工业的很多领域都可以看到它的身影。但是由于它只通用于就地指示、信号不能远传、玻璃管强度不够，不能用于测量高温高压及不透明液体。所以在工业生产中，采用金属管转子流量计较多，而且金属管转子流量计既能就地指示，又能远传指示，并可实现记录、计算、自控等多种功能。

4. 电磁流量计

电磁流量计（见图9-4）是根据法拉第电磁感应定律制造的用来测量管内导电介质体积流量的感应式仪表。具有传导性的流体在流经电磁场时，通过测量电压可得到流体的速度。电磁流量计没有移动部件，不受流体的影响，在满管时测量导电性液体精确度很高。目前广泛用于各种导电液体和腐蚀性液体及脉动流体的流量测量。

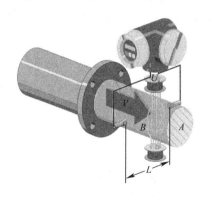

图9-4 电磁流量计示意图

电磁流量计测量通道是段光滑直管，不会阻塞，适用于测量含固体颗粒的液固二相流体，如纸浆、泥浆、污水等；不产生流量检测所造成的压力损失，节能效果好；所测得体积流量实际上不受流体密度、黏度、温度、压力和电导率变化的明显影响；电磁流量计流量范围大，口径范围宽，测量精度高，基本不用维护，是理想的计量仪表；但是由于仅适合测量导电的液体，不能测量气体、蒸汽和含有较大气泡的液体，不能用于较高温度，使其应用范围受到限制。

二、常用液位计

1. 玻璃管液位计

玻璃管液位计是一种最为简单、直观的测量方法，它是利用连通器的原理，将容器中的液体引入带有标尺的观察管中，通过标尺读出液位高度。图9-5所示的是玻璃管液位计。

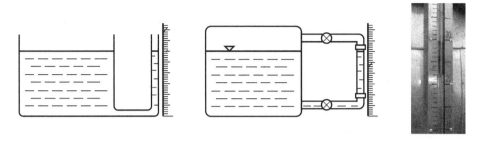

图9-5 玻璃管液位计

玻璃管式液位计是在常压或较低压力下工作的最简单的直接指示式物位仪表，其可靠性和经济性是其他仪表不能相比的，作为基本的液位指示仪表在最简单的液位测量场合和自动化程度很高的大型工程项目中都不可缺少。

2. 电容式液位计

电容式液位计利用液位高低变化影响电容器电容量大小的原理进行测量。

在液位的连续测量中，多用同心圆柱式电容器，见图9-6。

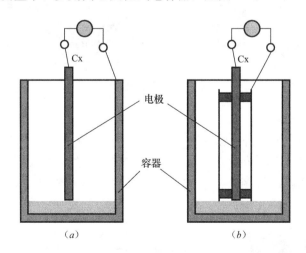

          (a)   (b)

图9-6 电容式液位计

(a) 容器为金属材料；(b) 容器为非金属材料或容器直径≫电极直径

测量液位时，将一根金属棒（探头）插入待测容器的溶液中，将金属棒作为电容的一极，将容器壁作为电容的另一极。电容器电容量的大小取决于探头与容器壁之间有多少介质，即液位的高度，通过测量介质电容量大小，即可算出液位高度。

电容式液位计一般由测量探头和变送器两部分组成，变送器装于探头的顶端。测量探头有多种形式，每种探头又分为绝缘式和部分绝缘式，以适应不同的被测介质。电容式液位计结构简单，无任何可动弹性零部件，因此可靠性相对较高，维护量极少，一般情况下，不必进行常规的大中小修。在给排水工程设计中，可以根据被测液体的深度、温度、压力、腐蚀性、黏度、绝缘性、容器的结构和安装等因素来正确选用合适的探头。

3. 静压式液位计

静压式液位计处于被测液体介质中，受到一定的液体静压力，当被测流体的密度不变时，静压力与被测液体的高度成正比，液位所产生的静压力使测量膜片产生位移，膜片位移产生的电容量变化，直接作用于传感膜片，即可计算出被测液体的深度。

静压式液位计（图 9-7）由传感器、变送器、导气电缆（或电杆）组成。静压式液位计分为直装式和沉入式。直装式适合安装在容器或管道的底部或侧面，靠法兰或螺纹连接，结构紧凑。沉入式适合在水池或水井上面安装，有缆式和杆式两种结构。

沉入缆式静压液位计测量的最大深度为 100m，适合一般液体液位测量；沉入杆式静压液位计测量的最大深度为 4m，适合腐蚀性及液面扰动大的液体液位测量。由于采用主动温度补偿装置，受温度变化影响小，不锈钢探头、陶瓷隔膜、橡胶密封、简单的调校和灵活的安装方式广泛用于供排水行业的多种介质的液位测量。

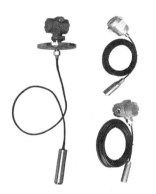

图 9-7　静压式液位计

4. 超声波式液位计

超声波液位计工作时，由传感器定时发射出超声波脉冲信号，声波经被测液体表面反射后被同一传感器接收，转换成电信号，从声波的发射和接收之间的时间来计算传感器到被测液体表面的距离（图 9-8）。因此，在容器底部或顶部安装超声波发射器和接

图 9-8　超声波液位计测量原理

收器，发射出的超声波在相界面被反射，并由接收器接收，测出超声波从发射到接收的时间差，便可测出液位高低。

超声波液位计按传声介质不同，可分为气介式、液介式和固介式（图 9-9）三种。

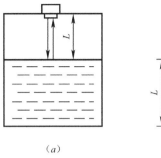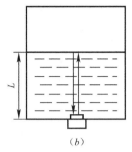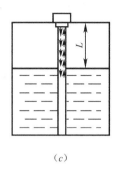

（a）　　　　　　　　　　（b）　　　　　　　　　（c）

图 9-9　单探头超声波液位计

（a）气介式；（b）液介式；（c）固介式

超声波液位计（图 9-10）无机械可动部分，可靠性高，安装简单、方便，属于非接触测量，且不受液体的黏度、密度等影响。但是超声波液位计测量精度比较低，测试容易有盲区。不可以测量压力容器，不能测量易挥发性介质。

图 9-10　超声波液位计

5. 液位开关

液位开关，也称水位开关，液位传感器，顾名思义，就是用来控制液位的开关，是用来测量液位是否达到预定高度（通常是安装测量探头的位置），并发出相应的开关信号。按测量原理可分为浮球式、电容式、超声波式、电导式等。从形式上主要分为接触式和非接触式。常用的非接触式开关有电容式液位开关，接触式的浮球式液位开关应用最广泛。液位开关具有简单、可靠、价格便宜、适用范围广、使用方便等特点。

三、常用压力检测仪表

在水处理设备使用中，需要测量的压力范围很广。压力的表达方式有三种：绝对压力、表压力、真空度（或称负压）。用来测量上述三种压力的仪表分别称为绝对压力表、表压力表和真空度表。

压力表种类很多，它不仅有一般（普通）指针指示型，还有数字型；不仅有常规型，还有特种型；不仅有接点型，还有远传型；不仅有耐振型，还有抗震型；不仅有隔膜型，还有耐腐型等。压力表从安装结构形式看，有直接安装式、嵌装式和凸装式。压力表的精度等级分类十分明晰，按其测量精确度：可分为精密压力表、一般压力表。精密压力表的测量精确度等级分别为0.1、0.16、0.25、0.4、0.05级；一般压力表的测量精确度等级分别为1.0、1.6、2.5、4.0级。精度等级一般应在其度盘上进行标识，其标识也有相应规定，如"①"表示其精度等级是1级。对于一些精度等级很低的压力表，并不需要测量其准确的压力值，只需要指示出压力范围的，如灭火器上的压力表，则可以不标识精度等级。

常用压力表简介

1. 弹性式压力计

用弹性传感器（又称弹性元件）组成的压力测量仪表称为弹性式压力计。弹性元件受压后产生的形变输出（力或位移），可以通过传动机构直接带动指针指示压力（或压差），也可以通过某种电气元件组成变送器，实现压力（或压差）信号的远传。常用的弹性元件有弹簧管、弹性膜片、波纹管等。

（1）弹簧管压力计

弹簧管压力表在弹性式压力表中更是历史悠久，应用广泛。弹簧管压力表中压力敏感元件是弹簧管。弹簧管的横截面呈非圆形（椭圆形或扁形），弯成圆弧形的空心管子，见图9-11。

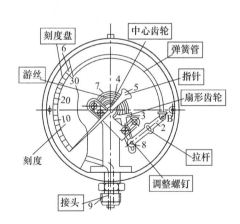
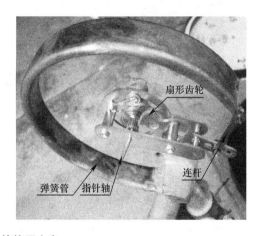

图9-11 弹簧管压力表

弹簧管压力计结构简单，使用方便，价格低；测压范围宽，一般在0.1～250MPa，可测量负压、微压、低压、中压和高压，应用广泛；精确度可达±0.1级。但是弹簧管压力计只能就地指示，是现场直读式仪表。

（2）波纹管差压计

波纹管差压计（图9-12、图9-13）的特点是灵敏度高（特别是在低压），但是迟滞误差较大，波纹管压力表的测量范围较小，一般为0～0.4MPa，仪表的准确度等级为1.5～2.5级。

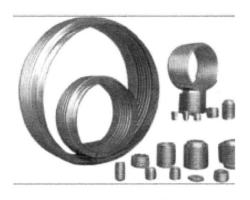

图 9-12　波纹管

图 9-13　双波纹管差压表

（3）膜盒压力表

膜盒敏感元件由两块对扣在一起的显圆形波浪的膜片（图 9-14）组成。测量介质的压力作用在膜盒腔内侧，由此所产生的变形可用来间接测量介质的压力，压力值的大小由指针显示。膜盒压力表（图 9-15）主要用于测量较低压力或负压的气体压力，压力测量范围为 250～60000kPa，仪表的准确度等级一般为 1.5～2.5 级。

图 9-14　金属膜片

图 9-15　膜盒压力表

2. 电气式压力计

电气式压力计是指压力敏感元件直接将压力转换成电阻、电荷量等电信号进行显示的仪表（图 9-16）。

电气式压力计一般由压力传感元件、测量电路和信号处理电路所组成。电气式压力变送器是指将压力转换成标准电信号输出的仪表。

图 9-16　电气式压力计工作流程

常见的电气式压力计电容式差压（压力）变送器、应变式压力传感器、压阻式压力传感器、压电式压力传感器、智能式差压变送器等。电压式压力计结构简单、过载能力强、可靠性好、精度高、体积小。

3. 真空计

真空计是检测真空度的仪表。

按真空计刻度方法分类，可分为绝对真空计和相对真空计。按真空计测量原理分类，可分为直接测量真空计和间接测量真空计。常用的 U 形管压力计、压缩式真空计等属于绝对真空计；热传导真空计和电离式真空计等属于相对真空计。

四、常用水质监测仪表

在给水处理中经常要对水在各个工艺环节中的浊度、pH 等过程参数进行监测，并根据水中情况对水处理过程加以控制，使其最终达到规定的水质标准，常用到的自动化在线水质检测仪表有：盐度计、浊度计、酸度计、余氯计等。

1. 浊度计

浊度计是测定水浑浊度的装置。一般用于自来水厂的出水口、自来水管网末端等关键位置监测。

在线浊度分析仪（图 9-17）内置微处理器，配置先进，功能强大，可使用在不同地方的过滤装置上测量原水或纯净水的浊度，如饮用水，各种生产和工业用水，以及任何需要使用合格水的地方。

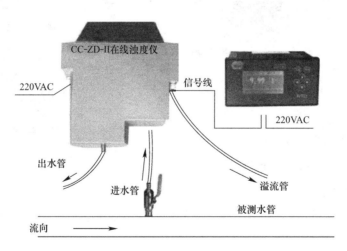

图 9-17　在线浊度仪水路和电路接法

2. 酸度计

酸度计简称 pH 计，由参比电极、玻璃电极、电流计三个部件构成。玻璃电极对所测量溶液的氢离子活度发生变化产生相应的电位差。把对 pH 敏感的玻璃电极和参比电极放在同一溶液中，就组成一个原电池（见图 9-18），如果温度恒定，这个电池的电位随待测溶液的 pH 变化而变化，pH 计的表盘刻有相应的 pH 数值；而数字式 pH 计则直接以数字显出 pH 值。

把玻璃电极（测量电极）和银—氯化银电极（参比电极）组合在一起的塑壳可充式复合电极（见图 9-19），可直接测出被测溶液的 pH 值，使用更加方便。

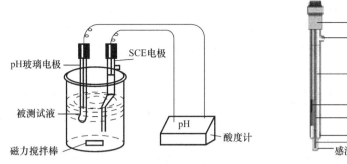

图 9-18　测定 pH 的电池示意图

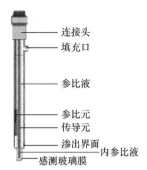

图 9-19　复合电极

3. 余氯计

余氯在线检测仪（图 9-20）是高智能化在线监测仪，可同时测量余氯、pH 值、温度。可广泛应用于电力、自来水厂、医院等行业中各种水质的余氯和 pH 值连续监测。

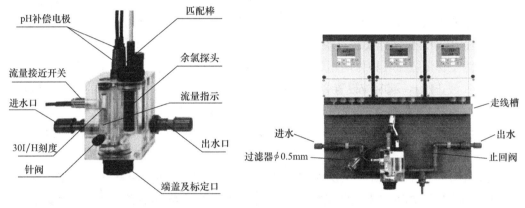

图 9-20　余氯分析仪　　　　　图 9-21　余氯分析仪的安装应用

余氯分析仪（图 9-21）操作简单，适用在饮用水、工业过程水消毒工艺中次氯酸和余氯浓度的监测，尤其适用于反渗透膜处理工艺中余氯检测。在同一屏幕上还可显示余氯、温度、pH 值、状态和时间多参数同屏显示。每隔 5 分钟自动存储一次余氯测量数据，可连续存储一个月的余氯值。

任务 9.2　常用仪表的使用与管理

常用仪表的安装与使用关系到日常水处理工程工艺的正常运行，但是常用仪表的种类繁多，用途用法也各不相同，所以在正确选择仪表的同时也要注意仪表的安装环境。仪表的测量结果会受到安装环境的影响，那么在安装仪表的时候需要避免哪些不适合的环境呢？

一、常用仪表安装环境

（一）流量计的安装环境

1. 容积式流量计安装环境

（1）容积式流量计安装应选择合适的场所，必须避开振动和冲击；周围温度和湿度应符合制造厂规定，一般温度为 $-15 \sim 50℃$，湿度为 $10\% \sim 90\%$；避免阳光直射及热辐射；避免有腐蚀性气氛或潮湿场所；要有足够空间便于安装和日常维护。在连续生产或不准断流的场所，应配备有自动切换设备的并联系统，也可采取并联运行方式，一台出故障，另一台仍可流通。

（2）容积流量计的安装必须做到横平竖直。一般为水平安装，垂直安装为防止垢屑等从管道上方落入流量计，将其装在旁路管。流体中颗粒杂质影响仪表正常运行，造成卡死或过早磨损，仪表上游必须安装过滤器，并定期清洗。

（3）仪表应装在泵的出口端。脉动流和冲击流会损害流量计，理想的流源是离心泵或高位槽。若必须要用往复泵，或管道易产生过载冲击，或水锤冲击等冲击流的场所，应装缓冲罐、膨胀室或安全阀等保护设备。如管系有可能发生过量超载流，应在下游安装限流孔板、定流量阀或流量控制器等保护设施。

2. 涡轮流量计安装环境

（1）涡轮流量计安装在管道上，安装时流量计轴线应与管道轴线同心，流向要一致。流量计上游管道长度应有不小于 $2D$ 的等径直管段，如果安装场所允许建议上游直管段为 $20D$、下游为 $5D$。流量计安装点的上下游配管内径与流量计内径相同。

（2）为了保证流量计检修时不影响介质的正常使用，在流量计的前后管道上应安装切断阀门（截止阀），同时应设置旁通管道。流量控制阀要安装在流量计的下游，流量计使用时上游所装的截止阀必须全开，避免上游部分的流体产生不稳流现象。

（3）涡轮流量计对流体的清洁度有较高要求，在流量计前须安装过滤器来保证流体的清洁。

流量计应安装在便于维修，无强电磁干扰与热辐射的场所。流量计应可靠接地，不能与强电系统地线共用。流量计最好安装在室内，必须要安装在室外时，一定要采用防晒、防雨、防雷措施，以免影响使用寿命。

3. 转子流量计安装环境

（1）仪表安装方向。绝大部分转子流量计必须垂直安装在无振动的管道上，不应有明显的倾斜，介质流向必须由下向上，流体自下而上流过仪表。浮子流量计中心线与铅垂线间夹角一般不超过 $5°$。

（2）要保持浮子和锥管的清洁，特别是小口径仪表，浮子洁净程度明显影响测量值，必要时可冲洗配管，定时冲洗。用于脏污流体的安装，应在仪表上游安装过滤器。

（3）应保证测量部分的材料、内部材料和浮子材质与测量介质相容；环境温度和过程温度不得超过流量计规定的最大使用温度；实际的系统工作压力不得超过流量计的工作压力。

4. 电磁流量计安装环境

（1）流量计安装场所应避免有磁场及强振动源，如管道振动大，在流量计两边应有固定管道的支座。安装时要保证螺栓、螺母与管道法兰之间留有足够的空间，便于装卸。

（2）流量计尽量安装在干燥通风之处，避免日晒雨淋，环境温度应在 $-20 \sim +60℃$，相对湿度小于 85%。应避免安装在含有腐蚀性气体的环境中，必须安装时，须有通风措施。为了安装、维护、保养方便，在流量计周围需有充裕的安装空间。

（3）按要求选择安装位置，但不管位置如何变化，电机轴必须保持基本水平。安装时，要注意流量计的正负方向或箭头方向应于介质流方向一致。

（二）液位计的安装环境

液位计安装时要考虑到日后操作、观察、检修的方便，尽量避开振动较大部位，表体要垂直，上、下法兰不能偏向受力，各附件连接可靠，超声波类仪表在波束辐射区内不得有障碍物，投用时一般先打开上切断阀，后开下切断阀。

电容式液位计采用电容测量原理，探极的外绝缘层可根据不同的介质相应的绝缘材料（如选用耐高温，耐腐蚀，抗老化且化学稳定性极高的聚四氟乙烯材料），正常工作中与被测液体之间出于绝缘状态。安装时一定注意保护好探极线的外绝缘层，一旦损伤，将导致使用寿命缩短或安装失败。探极线安装结束后，使其全部浸入液体时，探极线与液体（或金属容器外壁）的绝缘电阻应＞20MΩ（用数字万用表 20MΩ 测量），测量绝缘电阻时，应将探极线与变送器的连接暂时断开。变送器露天安装时，探极线不能裸露于容器以外，以免雨天探极线着水出现测量误差。在正常工作中，探极线在容器内不能有较大的摆动幅度，否则会出现信号不稳定现象。

超声波液位计探头安装位置选择的原则为：探头尽量远离进、出液口（图 9-22、图 9-23）。

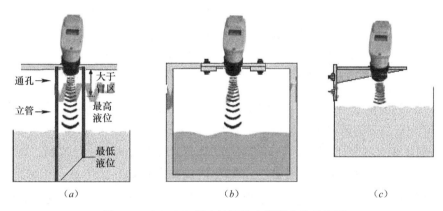

图 9-22　SHORTI 超声波液位变送器安装示意图

（a）立管安装图；（b）法兰安装图；（c）支架安装图

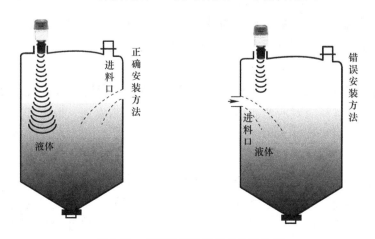

图 9-23　超声波液位计探头安装位置

（三）压力检测仪表的安装环境

1. 根据被测压力的最大值和最小值选定标准系列量程的压力仪表，满足生产要求的情况下，尽可能选用精度较低、价廉耐用的压力表。测量流体压力时，应使取压点与流动方向垂直，取压管内端面与设备内壁平齐，不应有凸出物或毛刺。选在被测介质直线流动的管段部分，不要选在管路拐弯、分叉或死角处。

2. 测量液体压力时，取压点（见图 9-24）应在管道下部，使导压管内不积存气体；测量气体压力时，取压点应在管道上方，使导压管内不积存液体。取压口到压力计之间应装切断阀，以备检修时使用。切断阀应装在取压口附近。

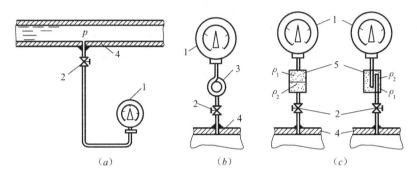

图 9-24　压力表安装位置示意图

（a）压力表位于生产设备之下；（b）测量蒸汽；（c）测量腐蚀性介质

1—压力表；2—切断阀；3—冷凝管；4—生产设备；5—隔离罐；ρ_2、ρ_1—被测介质和隔离液的密度

3. 压力计应安装在易于观测和检修的地方，仪表安装处尽量避免振动和高温。仪表安装处与测定点之间的距离应尽量短，以免指示迟缓。

4. 当测量蒸汽压力时，应加装冷凝管，以避免高温蒸汽与测温元件接触；对于有腐蚀性或黏度较大、有结晶、沉淀等介质，可安装适当的隔离罐，罐中充以中性的隔离液，以防腐蚀或堵塞导压管和压力表。为了保证仪表不受被测介质的急剧变化或脉动压力的影响，加装缓冲器、减振装置及固定装置。

（四）常用水质监测仪表的安装环境

1. 常用水质监测仪表安装要避开腐蚀性气体，远离阳光直射，大电机和大磁场的场合。所有室外控制箱均采用防晒、防雨、防尘并做好接地系统。安装环境要达到生产厂家规定的温度和湿度要求，无冷凝现象。

2. 采样系统的构造必须保障在 0℃ 以下可以工作并不至被损坏，有必要的防冻和防腐设施。采样取水管材料应对所监测项目没有干扰，并且耐腐蚀。取水管应能保证监测仪所需的流量，采样管路应采用优质的硬质 PVC、PPR 或金属管材，严禁使用软管做采样管。

3. 现场在线监测仪应落地安装或壁挂式安装，并有必要的防振措施，保证设备安装牢固稳定。在仪器周围应留有足够的空间，以方便仪器的维护。现场安装的传感器和变送器必须提供全套完整的安装固定用支架、保护箱、安装材料及附件。现场监测仪到数据采集器的电缆连接应可靠稳定，信号传输距离应尽可能缩短，以减少信号损失。各种电缆和管路应加护管辅在地下或空中架设，空中架设电缆应附着在牢固的铁轨（或铝轨）上，并在电缆和管路上，以及电缆和管路的两端作上明显的标识。

4. 安装浊度计时要注意，进水口、出水口、溢流口的扎箍一定要扎紧，不能漏水。排气口有水出来时，关小进水阀，保证无水流出。此外溢流口一定要保证有水流出。

5. 酸度计安装位置可参考图 9-25、图 9-26，酸度计的电极是接触样品的检测元件，顶端的电极球泡很容易损坏，安装时要小心。

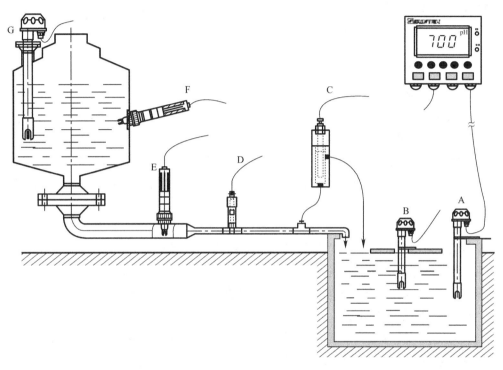

图 9-25　在线酸度计安装位置示意图

A—沉入式；B—浮动式；C—引流式；D—1/2″、3/4″管路式；E—1″管路式；F—侧插式；G—顶插式

图 9-26　酸度计侧壁安装

6. 如果液位总是变动，一定要保证酸度计和余氯计的电极总能浸泡在水中，电极使用时间长了以后，由于电极测试敏感膜老化或其他原因，电极会出现响应时间延长的现象。正常的电极测试自来水响应时间一般会在 1 分钟之内，若超过 1 分钟，则电极便需要进行必要的维护保养处理；如果响应时间超过 5 分钟，则电极很可能已经损坏，需更换新电极。

7. 余氯计测控系统安装时尽量靠近水样测控点，以确保监测结果的准确性。余氯计如挂墙安装必须配仪表盒。如果进水水样有大的悬浮颗粒，务必在水样进水管加装有效过滤器，以防堵塞，造成测控失败。

二、常用仪表的维护与保养

（一）流量计的维护与保养

1. 对仪表作周期性直观检查，检查仪表周围环境，扫除尘垢，确保不进水和其他物质，检查接线是否良好，检查传感器电源电缆和传输电缆（或导线）有无破损、老化现象，保护好电缆外面的橡胶护套。定期（一般为半年）用软布擦洗电极表面，清除污垢或沉积物。若是测量介质容易沾污电极或在测量管壁内沉淀、结垢、应定期作清垢、清洗。

2. 定期进行仪表密封性检查，检查差压元件两侧法兰固定螺栓是否松动，是否漏气；温度压力引入电缆保护套管两端是否拧紧或者破损，是否漏水、进尘；温度探头的保护套管两端是否拧紧或者破损，是否漏水、进尘；表头前后盖是否拧紧，是否漏水、进尘；表头连接 V 锥节流管道取压孔之间的阀门两端的螺丝是否拧紧漏气；管道两端法兰是否对接良好，螺丝是否拧紧漏气。

3. 定期进行仪表差压零点清零，关闭表头下方的正负压取压管上的针形阀门，拧掉差压两侧压力容室的排污口上的堵头螺丝，按照仪表使用说明进行差压零点清零操作，建议该操作每隔 10 天进行一次。

4. 定期进行流量计测量参数校准，流量计现场需要经常校准的测量参数有管道压力测量参数、管道温度测量参数以及节流件差压测量参数，建议校准周期为 15 天一次。

（二）液位计的维护与保养

1. 注意保持液位计的清洁，尽量做到防水、防潮、防腐蚀及避免受到其他物体的剧烈碰撞、打击。液位计及探头应定期检测，易损件（橡胶密封圈）应定期更换。

2. 室外安装时应避免阳光直射液位计主体，远离热源并注意通风，若环境温度超出额定温度时，应采取相应的降温保护措施；环境温度过低时，可采用仪表保护箱或其它的防护装置进行防冻保护，并注意保持液位计的干燥。

3. 日常工作中做好仪器运行记录，特别出现故障的时机和现象，以便维修查询。

4. 注意不要损坏仪器外表，特别是探头、按钮及其连接电缆严禁机械损坏，损坏后应立即停止使用。尤其在工作过程中不要随意关机，养成良好习惯，各种操作完成后再关电源。

（三）压力表的维护与保养

1. 压力表安装前应进行校验，在刻度盘上应划出指示最高工作压力的红线，粘贴检验合格证，注明下次校验日期。压力仪表要按规定要求进行检定或维修。

2．压力表安全孔上应有防尘装置，当发现防尘橡胶盖脱落时要重新安好。

3．巡检中发现压力表有渗漏情况，应关闭压力表根部阀，汇报处理。

4．压力表使用时应缓慢打开阀门，使压力慢慢升到工作位置。若突然打开阀门，如压力失控，超过测量上限，会造成弹簧管被打坏、变形或造成扇齿脱牙而使仪表失去功能。

5．压力表使用完毕后，应缓慢卸压，不要使指针猛然降至零位，这样指针回撞在盘止钉上，会将指针打弯甚至打断。

6．经过一段时间的使用与受压，压力表机芯难免会出现一些变形和磨损，压力表就会产生各种误差和故障。为了保证其原有的准确度而不使量值传递失真，应及时更换，以确保指示正确、安全可靠。

7．压力表要定期进行清洗。因为压力表内部不清洁，就会增加各机件磨损，从而影响其正常工作，严重的会使压力表失灵、报废。

（四）常用水质监测仪表的维护与保养

水厂建成通水后，仪表正常投入使用，管理人员应对仪表的使用情况做跟踪调查，了解仪表的工作情况，及时总结经验，以利于今后的工作日趋完善。

1．浊度计的维护与保养

在线浊度仪表要严格参照生产厂家规定的各项维护要求定期进行维护，浊度计本体内部、外部、首部、气泡捕集器及周围的区域要定期清洁，确保精确的测量结果。浊度仪应定期并进行校正。短时间停水，浊度仪可带电工作，长时间停水，所有仪表均应断电停运。

2．酸度计的维护与保养

酸度计应每天清洗电极和采样箱（小心注意不要损坏玻璃电极），确保电极要接触水样，每月按时添加电解液。此外电极的沾污也是经常遇到的问题，电极敏感膜有时会粘附某些物质，例如油类、悬浮物等，会引起电极响应迟钝，甚至使电极失效。为了保证有效的连续测量，电极应定期清洗，可以采用超声波清洗或定期用洗瓶冲洗，也可以用细的毛刷、棉花球仔细去除污物。电极的使用寿命通常为 1 年左右。在使用条件合理和维护得当的条件下，其使用寿命可能超过一年。短时间停水，酸度计保证电极与水接触也可带电，但是长时间停水，仪表必须断电停运。

3．余氯计的维护与保养

余氯计的日常维护工作中每周要定时清洗缓冲液瓶，更换缓冲液。每月视水样条件，清洗导流坝、过滤屏、冲洗塞，清洗缓冲液瓶的白色结晶体。一旦停水，余氯仪不论时间长短都需断电停运。

仪表日常巡视工作中要注意观察仪表报警灯是否亮，仪表工作时是否有异常声响，确保仪表工作的正常声响及工作温度。此外还要检查水样是否符合采样要求，当水样超出测量允许范围，应断电停止工作，待恢复工作环境再送电工作。此外每月要进行仪表的现场维护工作包括对在线监测仪器进行一次保养，对水泵和取水管路、配水和进水系统、仪器分析系统进行维护。对数据存储和控制系统工作状态进行一次检查，对自动分析仪进行一次日常校验。

能力拓展训练

一、填空题

1. 容积式流量计对介质中的污物比较（　　），被测介质中的污物会造成转子卡涩，影响（　　），因此仪表上游需加装（　　）。

2. 超声波液位计无机械可动部分，可靠性高，安装（　　），属于非接触测量，且不受液体的（　　）影响。但是超声波液位计测量精度比较低，测试容易有（　　）。不可以测量压力容器，不能测量易挥发性介质。

3. 常用到的自动化在线水质检测仪表有：（　　）、（　　）、（　　）和（　　）等。

4. 在线浊度分析仪可使用在不同地方的过滤装置上测量（　　），或（　　）水的浊度，如饮用水，各种生产和（　　），以及任何需要使用合格水的地方。

5. 电磁流量计应避免安装在（　　）或受到设备高温辐射的场所，若必须安装时，须有（　　）的措施。流量计最好安装在（　　），若必须安装于室外，应避免雨水淋浇，积水受淹及太阳暴晒，须有（　　）措施。

6. 超声波液位计探头安装位置选择的原则为：探头尽量远离（　　）。

二、选择题

1. 适用于测量含固体颗粒的液固二相流体的流量计有（　　）。

A. 转子流量计　　　B. 电磁流量计　　　C. 涡轮流量计　　　D. 容积式流量计

2. 只能就地指示，属于现场直读式仪表的是（　　）。

A. 弹簧管压力计　　B. 电气式压力计　　C. 超声波液位计　　D. 电容式液位计

3. 为避免负压，电磁流量计传感器不能安装在泵的（　　），而应安装在泵的（　　）。

A. 进水口　　　　　B. 出水口　　　　　C. 直管段　　　　　D. 管道放空之处

4. 如果液位总是变动，一定要保证酸度计和余氯计的电极总能（　　）。

A. 接触流速最大的流体　　　　　B. 接触流速最大的流体

C. 静止的流体　　　　　　　　　D. 浸泡在水中

5. 涡轮流量计管道系统启动时必须先开旁路，以防止流速突然（　　），引起涡轮转速过大而损坏。

A. 变化　　　　　　B. 减小　　　　　　C. 增大　　　　　　D. 不变化

6. 在测压部位安装的压力表，根据规定，它的检定周期一般不超过（　　）。

A. 5个月　　　　　B. 3个月　　　　　C. 半年　　　　　　D. 一年

三、简答题

1. 简述静压式液位计的结构特点及类型？

2. 为了保证流量计检修时不影响介质的正常使用，应该采取哪些措施？

3. 压力表的安装应注意哪些环节？

4. 酸度计的电极为什么要定期清洗？

5. 简述液位计的维护与保养工作。

6. 简述常用水质监测仪表的维护与保养工作。

参 考 文 献

[1] 刘炳江，柴发合等. 中国酸雨和二氧化硫污染控制区区划及实施政策研究. 中国环境辑学，1998，18：1-7.

[2] 城镇供水厂运行、维护及安全技术规程 CJJ 58—2007 [S]. 北京：中国建筑工业出版社，2007.

[3] 给水排水设计手册（第三版）第 11 册（常用设备）[M]. 北京：中国建筑工业出版社，2014.

[4] 给水排水设计手册（第二版）第 3 册（城镇给水）[M]. 北京：中国建筑工业出版社，2004.

[5] 刘振华. 水泵与水泵站技术 [M]. 北京：北京大学出版社，2013.

[6] 城镇供水厂运行、维护及安全技术规程 CJJ 58—2009 [S]. 北京：中国建筑工业出版社，2010.

[7] 童永伟. 泵站操作工 [M]. 北京：中国劳动社会保障出版社，2004.

[8] 上海水务局. 上海市供水厂运行、维护及安全技术规程 [S]. 2010.

[9] 张朝升. 小城镇给水厂设计与运行管理 [M]. 北京：中国建筑工业出版社，2009.

[10] 胡昊. 给排水工程运行与管理 [M]. 北京：中国水利水电出版社，2010.

[11] 吕宏德. 水处理工程技术 [M]. 北京：中国建筑工业出版社，2008.

[12] 马春香，边喜龙. 实用水质检验技术 [M]. 北京：化学工业出版社，2009.

[13] 《水和废水监测分析方法》编委会编. 水和废水监测分析方法 [M]. 北京：中国环境科学出版社，2009.

[14] 王继斌，宋来洲，孙颖. 环保设备选择、运行与维护 [M]. 北京：化学工业出版社，2011.